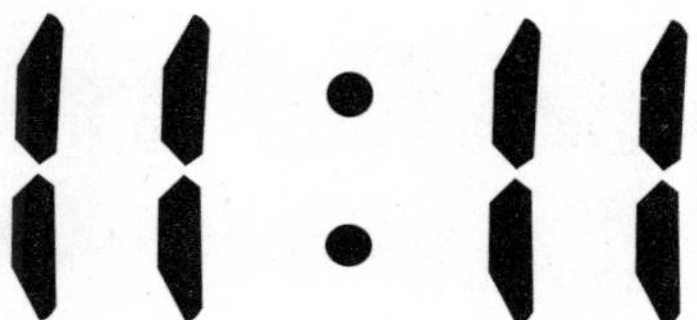

——时间的迷宫

Marie D. Jones & Larry Flaxman

[美] 玛莉·D. 琼斯　拉里·弗莱克斯曼 著　　赵永健 余美 译

时代出版传媒股份有限公司
安徽文艺出版社

图书在版编目(CIP)数据

11:11：时间的迷宫/（美）玛莉·D.琼斯，（美）拉里·弗莱克斯曼著；赵永健，余美译. —合肥：安徽文艺出版社，2015.10

书名原文：11:11 the time prompt phenomenon

ISBN 978-7-5396-5551-2

Ⅰ.①1… Ⅱ.①玛… ②拉… ③赵… ④余… Ⅲ.①数学-普及读物 Ⅳ.①01-49

中国版本图书馆CIP数据核字（2015）第239231号

著作权合同登记号　图字：121414067

出 版 人：朱寒冬　　特约策划：潘丽萍
责任编辑：周　康　　封面设计：汪佳诗

出版发行：时代出版传媒股份有限公司　www.press-mart.com
安徽文艺出版社　www.awpub.com
地　　址：合肥市翡翠路 1118 号　　邮政编码：230071
营 销 部：(0551) 63533889
印　　制：宁波市大港印务有限公司（0574）87582215

开本：880 × 1240　1/32　印张：9　字数：180 千字
版次：2015 年 10 月第 1 版　2015 年 10 月第 1 次印刷
定价：36.00 元

献给　玛莉·艾萨和马科斯

致谢

玛莉和拉里首先要感谢身为优秀代理、同事兼朋友的丽萨·黑根，感谢你对我们的作品始终如一的信任。感谢迈克尔·派依、劳里·凯利-派依，以及New Page Books出版社的全体员工，我们很荣幸能够成为你们的签约作者，希望今后能够与贵社合作出版更多的作品！感谢我们的挚友和网络达人苏珊·韦弗为我们创办个人网站，感谢你容忍我们连续不断的意见和要求！还要感谢华威联合公司的优秀员工，特别要感谢黛安娜和西蒙，谢谢你们帮我们找到最适合的读者！

玛莉想要感谢以下人员：

感谢我的母亲米莉和我的父亲约翰，感谢你们一如既往的支持、爱护和在我生活中倾注的时间。感谢我的妹妹吉拉和我的哥哥约翰，以及我的亲友：温妮、埃弗伦等亲属，感谢阿兰娜（还有罗宾！），感谢艾伦，感谢埃维肯一家，感谢拉康提一家，尤其要感谢我的外婆，当你不在天堂的赌场里赌博的时候，一定是在天堂里望着我。还要感谢我的朋友、同事和支持者：安德烈·格拉斯，玛丽特·弗劳斯，罗恩·琼斯及其家人，基尼·克利森佐，约翰·特鲁，尼克·雷德芬，writewhatyouknow.com网站的丽萨·科拉佐、金杰·弗伊特，

“找到你的声音”团体，我的同事、我的老友海伦·库柏（绰号“火花”），还有在此未能列举的所有人，你们知道我一直对你们心存感激。感谢我的电台节目的所有听众，感谢发电子邮件支持我的人，最重要的是，感谢买过我的书的人！我最想感谢的是我的“真命天子”——马科斯，你是我存在的理由。还要感谢我的朋友和搭档拉里·弗莱克斯曼，与我一道完成了这一次惊险刺激的旅程。希望我们的友情继续保持下去，而且我们也证明了我们可以如期完成工作！

拉里想要感谢以下人员：

感谢我的母亲希拉，你满足了我对知识的渴求，鼓励我追逐自己的梦想，还培养了我对文学艺术的热爱。感谢我的父亲诺曼，你给了我许多忠告和睿智的见解，鼓励我在人生路上做最好的自己。感谢我的哥哥乔恩，你一直支持我的事业，在我向你寻求帮助的时候，你总能逗我开心。感谢我的妻子艾米莉，感谢你的支持和理解，忍受我各种各样的爱好和兴趣。感谢所有我在“超自然现象研究小组”（APRAST）的朋友和同事——你们真的很像我的家人！感谢在我这个领域里的所有朋友、支持者，甚至是批评者——谢谢你们！你们使我脚踏实地，对外界保持敏感和警觉。我最想感谢的是我可爱的女儿玛莉·艾萨（小名“宝贝儿”）。我从来没有想过你的一个微笑竟然能够给我带来如此大的快乐。每一次写作遇上瓶颈的时候，你在房间里用天使般的声音唤我“爸爸”总是能够给我创作的力量。我非常爱你——你的小指头勾住了我的心！最后，我还要感谢我的好朋友和搭档玛莉·琼斯，感谢你相信我的能力，与我一道完成了这次令人兴奋的冒险。这将是一次神奇之旅！

目录

0:0

序言

现实的尺度

在有文字记载的历史中，人类对“名字”情有独钟。从最早的洞穴艺术到现代文明的花哨饰品，我们借助命名身边的事物来界定自我的存在。文字、类别和身份三者皆建筑于名字之上。恰恰是名字从根本上创造并展示了我们的现实世界——或者说，名字至少是对现实世界的一种浅薄的错觉。在这一持久不断的过程中，我们用文字描述我们的生活和我们自己，而我们也成为了这些文字。我们成为我们的故事，我们的故事也成为我们。

但是，在文字和名字的背后，在我们塑造出迥异于他人的自我形象的背后，在架构起我们对生活的认知体系的观念和见解的背后，隐藏的却是数字……数不胜数、漫无边际的数字。

自诞生之日起，我们降临尘世的命运早已在星象中勾勒完成，我们的诞生也因此被赋予了能够决定未来命运的宇宙意义。我们获得数字的力量，数字成为我们生活的一部分。或许，真相应该是，我们才是数字的表征。

我们遵照时间、日期和各种度量单位在地球上生活。我们能够生存在地球上，是因为各种错综复杂的共鸣以某种神奇的数学方式合成一体，创造出我们的基因编码。我们按照时钟和日历生活。我们根据我们身体的年龄、人生度过的年数，或每年生日蛋糕上燃烧的蜡烛的数量，来限定自己的人生目标，并领悟人生有何遗憾。既然我们承认了名字的重要性，那么数字也将成为我们现实生活的基础。作为人类，个人和集体的命运充斥着数字的意义。但是，构成我们行动和存在的现实是一张无形之网，其核心不仅仅只有数字，还有序列、图案、等式，甚至时间和空间的同步性。这一切最终进入由数字决定的振动频率，为的是开启现实的另一维度……或者说是允许我们对正在经历的现实有一种清楚的再认识。

时间　日期　衡量标准

神圣几何学是古代知识中最深奥的体系——从建造金字塔到按照能量点来建造教堂，这些能量点沿着假想线展开，构成了似乎是来自另一个世界的极其精确的图案。是谁设计了这种图案？这种图案来自何方？图案创造者们是否给它们起了名字？

是谁发明了数学？

即使在今天，科学也还是与数字有着千丝万缕的关系，不管是物种生物学，还是多年累积的压力之下地震破坏平移断层的物理过程，皆是如此。不管是有待探索的黑洞的物理原理，还是新型疾病衍化成大规模流行病的速度，数字和图案在自然界中发挥的深刻作用似乎带有某种神秘的光环——近乎“超自然”的光环。从亚原子粒子的微观世界到宇宙的创造性或毁灭性的大规模剧烈活动，数字是人类了解和认识科学的不可分割的一部分。

甚至连我们的意识似乎都与数字和图案紧密联系在一起。毕竟，如其在内，如其在外；如其在上，如其在下。

书中，两位作者希望带你踏上一段神奇而又令人兴奋的旅程，共同探寻一个鲜有人探索的未知领域。生活中我们会遇到大量的数字和图案，我们对它们是否可以视而不见、无动于衷呢？对于这些特殊的符号，我们是否已经习以为常了呢？

事实上，我们在书中探讨的许多概念和观点不过是理论、猜测或臆说。但通读全书之后，书中的内容肯定可以给你带来新的思考，希望本书能有助于你对我们是谁、我们如何成为现在的样子，以及我们可能达到的终极目标，产生更加清醒的认识。数字在决定这三个方面的过程中发挥了关键的作用，这十分有趣，但也许并不令人吃惊。

我们保证，当你从头至尾将书读完，你将永远也不会以过去的方式来看待数字。

而且，你也不应该这样做，因为正如毕达哥拉斯所言：“万物皆数字。”

万物皆数字。

——毕达哥拉斯

1:1 第一章 来自彼处的“叫醒电话”

奇数存在神性，或在耶稣诞生和

机遇中体现，或在死亡中体现。

——威廉·莎士比亚

头几次发生这种事情的时候，玛莉（化名）以为这不过是某种巧合而已。过去几个月里，玛莉都会莫名在同一个时间——晚上11:11醒来，经历所谓的“瘫痪事件”。

这些令人恐惧不安的事情发生的时候，玛莉感觉自己的身体似乎被紧紧捆绑在床上——仿佛有某种未知的力量硬生生地把她摁在床上。幸运的是，这种茫然无助的感觉即刻便会消失不见。不过，第一次遇上这种事情的时候，在摆脱了那种骇人的力量，不再感到瘫软无力之后，她吓得差一点尖叫起来。

之后，这种事情又接连发生了几次，玛莉放弃了挣扎，任其摆布，心里揣测着其中到底有何深意。究竟有什么信息要传达给她？最终当她第七次在11:11被闹钟叫醒的时候，虽然身体瘫软无力，但她竭尽全力睁开了眼睛，竟然看到一个模糊的人影站在她的床尾。她本能地感觉对方不会伤害她。玛莉询问对方的身份。人影沉默了半晌，然后玛莉清楚地听到她的脑海里冒出一个男性的深沉的声音：“你的守护神。”

玛莉再也没有见到那个守护神，但是这段经历却成为她生活的一部分，在面对一些严峻的挑战时，她总是感到自己受到保护和指引，甚至是激励。打那以后，不管是钟面上，还是公园长椅广告或告示牌上，只要看到11:11，她就知道自己正在受到关照。

与玛莉这种经历类似的耐人寻味的场景在世界各地皆有报道。许多身处不同文化、秉持着不同信仰和价值观的人们每天晚上都会在同一时间醒来，或者在每天的同一个时间注意到身边的时钟，如此频繁出现，不可能只是某种巧合。对很多人而言，这些“唤醒提示”带来了奇特而又神秘，甚至是超自然的经历。有很多人表示，他们见过天使般的幻影，这些“灵魂指引师”似乎乐意传授某种个人智慧或洞见。还有人讲述自己看到业已故去的亲人的幻象。对某些人而言，这些似乎有先见之明的经历可以改变他们的一生。

11:11

最常见同时也是广为报道的“时间提示现象”似乎主要发生在中午或晚上的11:11。有人试图用理论来揭示这种现象——时间提示也许可以与通向另一个世界的门或入口联系起来，这扇门或入口总是会在这个时间打开，两个世界最终互为连通。这一理论认为，在这些时间点上，人们也许能通过某种渠道接触到完全处在不同水平的认知、意识或现实。

对于那些真正体验过“11:11现象”的人而言，他们相信这些数字是在传达另一个信息："多加小心！"

但是，除了令人心烦的重复发生之外，绝大多数这种现象似乎并未涉及其他东西。本书两位作者将这一主题的消息广泛地发给了相关人士。我们邀请他们将自己所经历的"时间提示"的趣事发给我们，以及遭遇的同步出现或不断重复的数字。在很短的时间里，我们收到了大量来信，各行各业的人士似乎都有过这些经历，都想分享他们的故事。他们的经历超越了教育、社会经济学和宗教的界限。来信的一个共同特点是，所有人都表示很想更好地理解为什么会发生这种事情。

"我每天都在一个特殊的时间醒来，有时是在晚上11:11，有时是在中午11:11、下午2:22或下午3:33。"一位地球物理学家如是告诉我们。在被问及是否发生过反常的事情时，他表示没有发生，但这些事情却让他十分着迷。究竟是大脑，还是某种外在因素导致了这种现象呢？

有人表示有过完全相同的经历，只要低头看桌上的时钟，常常发现时间是上午11:11、晚上11:11，如此反复，周而复始。每一次看钟表的时候，他们便会"觉察"到这一同步的模式，但并不十分理解这背后究竟有何奥秘。是纯属巧合？还是大脑发挥了"体内闹钟"或"时间提示器"的作用？

曾有一位女性告诉我们："我也遇到过类似的问题，而且这确实是一个问题……我现在甚至都不敢戴手表了。但我每次看时钟的时候，总会看到时间是11:11或1:11……而且事情变得一发不可收拾。昨晚我醒了三次，时间分别是1:11、2:22和3:33！"许多人有过类似的经历，都纷纷表示这些"时间提示"的事情出现得越来越频繁，让他们迷惑不已，不堪其扰。

另一个名叫珮姬的女士讲述了她的经历：

在你们的提醒下，我开始关注时间提示现象，我发现每一次看时间，几乎总是某一时的13分。一说到13，我知道很多人都会迷信，但我从来不相信迷信。事实上，我专门研究过为何13会成为不吉利的数字，一番调查之后，我认为“13恐惧症”是荒唐可笑的。

我注意到这种情况会反复出现在时钟上（每天都会出现几次）和其他地方，例如我车里音响的音量设置，以及上班时我被安排的项目的编号，这都跟我的祖父有关（他去世之后，这个数字总是不停地出现在我的生活中）。他常常提及数字13是他的幸运数字，因为他是在某月13日（应该是1月份）被召进海军，参加了第二次世界大战。我一直跟他说，这件事非常荒唐，大多数人不会将应征入伍、参加战争那天看作是幸运的日子，只有他这样想。他表示这一天改变了他的一生，人生因此开始有了起色，因为这段经历给了他千载难逢的机遇。考虑到我最近做的一些决定所带来的一连串坏运气，我总感觉他也许是在向我传达什么讯息，说明我正走在正确的人生轨道上，但这种情况已经持续了很多年。我现在想知道这其中是否还有其他什么含义。

另一个名叫辛蒂的人对“时间提示现象”有很多话要说：

首先，我努力不按照人类的时间生活。在我看来，时钟和时间的结构是人类创造出来控制他人的，我就是不想被任何人控制。但是，我必须要按照人类的时间进行工作。在余下的时间里，我随心所欲，只按照自然的时间生活。我的生活不需要钟表。

我的工作要三班倒，我是第二班，因此起床比较迟。由于这个愚蠢的现象，我晚上睡眠质量很差。我常会在晚上11:11醒过来，接着在凌晨1:11醒来。有时，我会接连不断地在2:22、3:33等类似时间点醒来，但这种情况极少发生。由于睡眠质量不高，我常会在上午打瞌睡，身体松弛地躺在床上，小睡一会儿，看看电视，直到觉得该起床了才从床上爬起来。这种“感觉”何时会冒出来呢？中午11:11。我从床上起来，洗漱吃饭，在家里一直磨蹭到要上班的时间。我有个闹钟，设定在1:30，因为我下午2:00之前就要出门。但我从未迟到，我会提前看一眼闹钟，而看闹钟的时间通常都是1:11。

上班的时候，要一直干到上晚班的人来接手工作，我会在晚上11:11将机器交给他们。每天晚上，交班时间都一样，一直都这样操作。等我回到家里，准备睡觉，一看表，时间肯定是1:11。然后生活又周而复始地循环往复。现在，我觉得在这些时间点查看时钟已经成为一种习惯，但给我造成麻烦的不只是这些时钟，而且这一切似乎没有什么理由。数字11在我的生活中反复出现。我生于某月的第11天。我小时候生活的房子门牌号码是1101。后来等我住到佛罗里达州，虽然地址是5508，但我的邮箱号还是11。我的汽车牌照里有两个数字11。（我已经等不及想看我换成堪萨斯州车牌的时候号码会是多少！）当我搬到这里，我故意找了一个地址不含数字11的公寓。我住在118号大街，这对于我的理论似乎有些牵强，但听我往下说。在我签好租房合同后，我开车去查看我的新公寓，顺便看一下周围的环境和景色，结果，我惊讶地发现我的新地址最奇怪的一点是，每一幢楼都标了数字。

尽管标记的是楼房地址的数字（9607、9608，依次类推），但每幢楼都还有另一个数字标记在上面。猜猜我住在哪一幢楼里？没错，11号楼。

随着接受采访的人数增多，我们愈加明显地意识到，这些经历似乎都有着反复出现的共同特点。是否有什么客观的科学理论能够解释为何时间提示现象如此惊人的相似？从统计学的角度来看，显而易见的一点是，这些事件之间具有某种联系。

有个人发现这不仅仅是巧合，因为他生于11月7日，而他的妹妹9年后于7月11日降生，仿佛两人是“隔着9年出生的双胞胎”。还有一位女性惊叹自己在3年的时间里住了3次院，每次都住在209号病房，数字相加之和是11。

一位来自印度的先生在一家公共网站论坛里，讲述了他在一天之内与数字11的一连串惊人巧遇。首先，他遇上了一场并不严重的事故，他的医药开销共计11111美元。他的病房号是1111。事故发生在11月11日。此人还说那天晚些时候，他去了一家书店，碰巧发现一本讲述11:11现象的书！还有一个人在一家11:11信息公共论坛上说：“今天是个不寻常的日子。我看到了11:11，没多久我看到一辆大众甲壳虫车的私人牌照上显示‘nmaste9’，这让我喜笑颜开……”

该网站还有一个网友抱怨：“昨晚，关掉电视机的时候，我瞥了一眼时钟，发现时间是10:10。爬上床准备睡觉的时候，我看了一眼床边的闹钟，发现时间是11:11。我睡得很香，清晨6:00闹钟把我叫醒——知道我何时醒来的吗？6:06。我今天上午倒了倒录像带，带子里录下了前一晚的电视节目，我碰巧注意到录像机数字显示器上显示的累计时间，竟然是04:44:44。我在上午茶歇时间复印了一些材料，在我复印完毕之后，你知道我的打印付费卡上的余额吗？是8.88美元。在我开始往电脑里打这篇文章的时候，我碰巧看了一眼电脑上的时间，竟然是11:11。”

另一个在线留言板上，有个人讲述了他的经历：“每一天，我似乎都会在以下时间看钟：1:11、2:11、3:11、4:11、5:11、6:11、7:11、8:11、9:11、10:11、11:11、12:11。我生于1989年11月4日。我频繁见到11:11已经有一段时日了，我知道这绝不是什么巧合。我有很多离奇的11:11经历……”其中更有趣的是，“那是我见过的最为奇特的一次，我从两个身穿亮红色足球服的男孩身旁走过。我回头看了一眼他俩（我不知道为什么要这样做），发现他们身后都印着数字11！”

在AngelScribe.com网站上，读者将他们在11:11、2:22等类似时间点与隐身的天使相遇的故事贴在网站里。

- “昨晚，在我将车开进车道里的时候，我低头看了一眼里程数，发现竟然是11111.1！真是不可思议！我今早醒来，发现时间竟然是2:22！这一切变得太古怪了！那些天使正在施展他们的魔力！”
- “1978年夏天，我开始不停地见到1111。我也看到111、222、333等数字。有时我会在半夜1:11醒来，这些数字不停出现在盒子编号、汽车牌照、门牌号、朋友地址、电话号码，以及杂货店的购物总金额中。”
- “大家好，我刚才在玩投掷游戏……顺便看了一下我的得分……是11100，当时的时间是11:01。那些天使——我今天到处都能看到他们的身影！”

■ “我是昨晚11:11醒来的！我只睡了一会儿！今天早上，我与我的孙女在外面，她说她想到我家里坐坐！太奇怪了，之前她可从不想进我家门！哈哈……我们一起走进家门，坐在摇椅上，开始播放录像带……我注意到录像机和分线盒上的时间都是11:11！我特别喜欢这些小暗示……我的一天也因此过得更加愉快！”

时 间 提 示

难道这些事情都是简单的巧合？毕竟数字能够不断重复，而且事实确实如此，甚至呈现出某种模式。这种情况总是频繁出现，特别是20以下的数字，这些数字是我们生活中不可缺少的元素。汽车牌照、电话号码、房牌号码，特别周年纪念日、生日、年龄……我们会在后面的章节中看到，数字如此出现，背后有一些简单的原因。但是，说归说，在一些时间提示现象中，肯定不仅仅是奇怪的运气或偶然事件这么简单，其中肯定还有更多的涵义。

我们在一家公共网站论坛里发现了下面这个对时间提示现象简单而合理的解释：

> 简单易认的数字模式（例如1234）理论已经在本网站里解释过。我还想再补充的是一个被称为“组块”的心理学概念。基本上，我们的大脑通过短期记忆只能装下“X”项事物：从白痴到天才，大概分别是五到九项事物，这并不算多。因此要想提高存储信息的能力，我们常会使用“组块”的记忆机制——大意是将

类似的事物放在一起来记忆。日常生活中一个常见的例子是我们的电话号码：我们若能将一个常见的电话号码（如加拿大的电话号码）连带着电话区号一起记下来的话，这会让我们看起来像是天才！例如，假设有这样一个电话号码：6134789890，这个号码将超过我们记住九项事物的能力极限，因为该号码总共有十个数字。当然，白痴偶尔也会记住电话号码，特别是如果这个号码是来自某个帅哥或辣妹！原因是由于我们将这些数字“组块”在一起，先是区号，然后是三个数字，后面再跟四个数字。因此，呈现在我们眼前的号码就变成了613-478-9890。这样，我们其实只是在记忆三项事物。类似的解释可以用在首字母缩略词（例如CIA、FBI、FEMA等）上，缩略词能帮助人们记住一些毫无用处的东西，例如政府机构的名字。我们本能地将数字式时钟上的数字12:34或11:11组块成一项事物，而一些更为随意的时间，例如11:56或3:48，却没有什么明显的模式，因此我们的大脑就无法将它们组块到一起，这使得这些数字变成三项或四项事物。很明显，事物的数量越少，越容易记住。

尽管大脑确实拥有创造或辨认模式的能力，但我们还是禁不住要问，为何有如此多的人反复地讲述遇到的“同一个”数字和序列。“组块”当然适用于我们大脑的日常功能和我们对思维和模式进行组织和归纳的能力；有助于我们记住数字、地址和数额；以及做许多其他必要而有用的事情。但这还是无法解释为什么会有人接二连三地遇到同一个数字组块。

不是每个人的经历都可以归为“无害事件”。天使或天神的显现只不过是一连串疑问中的一环。还有很多经历过时间提示现象的人表示见到或感受到邪恶或恶魔般的幻影。这些幻影不仅真实地让他们觉得可怕，而且还出现在他们貌似安全的家里。还有人在睡觉时体验到可怕的瘫痪状态，看到可怖或令人惊讶的影像，甚至还提前感知到尚未发生的恐怖事件的景象。GreatDreams.com网站有个帖子将11:11称作是“一种警告”。

> 每次见到11:11，随后总会有倒霉的事情降临在我身上！一段时间之后，我内心变得十分恐惧……而现在，我已经习惯了，至少我可以预测什么时候会发生倒霉的事情。这是一种对我的警告，还是因为这些数字给我带来了厄运？我还没有把这一切搞清楚。我最近一次看到11:11大约是一周前。大多数时候，倒霉事在24小时之内就会降临……基本上，这意味着我将与我的男朋友大吵一架（他的名字总共有11个字母）。

在11:11经历的背景下，你也许会惊讶地发现，不是每个兴趣小组都会关注新时代运动[①]的启蒙、生命转化，以及自觉意识的转移。雅虎上有个论坛，名字大概是“世界末日时间11:11”，论坛从11:11的角度大肆渲染犹太教和基督教的世界末日和基督再临的观点。西方宗教信仰常从更邪恶的角度来看待这些时间提示现象，这都是因为预先存在的一种观念，即任何一种超自然事件都不会被看作是神圣非凡的，而是较为邪恶的神灵出来愚弄或误导人类的行为。

---

① 新时代运动（New Age，或称New Age Movement），崇尚神秘主义等另类生活方式的一种文化思潮，喜欢讨论生命轮回和灵异现象，起源于二十世纪六七十年代。

雅虎上甚至还有个组织是专门为对11:11现象感兴趣的孩子创办的。MSN也不甘落后，发布了自己的11:11论坛，论坛里许多成员都曾等待过2012年的降临，将各自的经历和理论以帖子的形式发到网站里，描述这两种现象如何纠结在一起。有趣的是，这种帖子读得越多，所述的经历听起来就越“相似”。也许有过这种体验的人是唯一能参透此事的深意和意义的人。

我们发现很难找到这样的人，在经历时间提示现象的过程之中或之后，生活发生了重大的改变。当然，许多有此经历的人确实感受到友善或不友善的幻影的存在，例如天使、守护神，甚至是魔鬼。但没有什么证据能够证明，这些联系和经历除了主观描述（人类探寻事物本质意义的想象力）之外还有什么价值。一些经历过时间提示现象的人认为，改变人生的经历并不是终极目标。这些现象不过是在对我们进行小小的激励和催促，驱使我们醒过来，关注更长远的将来。

时　间

小时候，大人就教育我们，我们这个世界受到时间概念的支配。我们的父母大都向我们灌输“准时”的重要性，也让我们意识到时间管理的重要性。数字式时钟迅速而又方便地告诉我们白天和黑夜的时间。当我们用眼睛看时间的时候，不会对时间的意义产生怀疑。但是，根据在网站论坛发帖的数万名网友的观点，时钟也许还告诉我们一个完全处在不同层面的现实的时间——一个我们无法在普通层面上认知或接受的现实世界。

时间本身是由数字构成的一种幻觉。时间概念是人为制造的现实，在这个现实世界中，数字组合在一起，告诉我们在第四维的世界中我们所处的位置。也许时间提示经历是一种潜在的生物经历。也许根本就不存在什么终极目标。

但为什么同一个数字会反复出现在这些谜一般的时间提示现象中呢？数字11有何意义？为什么其他时间的提醒事件也屡次发生，如2:22、3:33、4:44等？每个时间点是否具有特殊意义？数字重复本身是否具有深意？

数字11……是巧合吗？

数字11似乎是最常被人提及的数字，这也许没什么好惊讶的。数字11是个两位数，被认为是数字命理学体系中最重要的数字。数字11常常被认为代表了幻想家的理想、直觉、理想主义、宗教启示、艺术和发明的天赋。这个神圣的数字也被认为在男性和女性的能量和特性之间产生了平衡。数字22是11与11的总和，属于“大师数字”或“共济会数字”。一些玄学家表示，11也许还代表人类DNA的两条线，最终结合成更高层次的意识。

甚至连亚里士多德都能与数字11联系在一起。他的世界观包含了4个球体，这些球体位于7个行星以外的地方。这种结合在沙特尔迷宫图的11圈结构中尤为明显，这个图案出现在法国沙特尔大教堂的地板上，是在法国大革命发生前设计完成的。这个迷宫般的图案含有11道轨迹，或称褶皱。数字11相当于将其与一种神圣图案连结的神秘纽带，使之成为更高级别的理想状态。基思·克里奇洛著有多部地理学方面的著作，也是神圣建筑学方面首屈一指的专家，他在《沙特尔迷宫：宇宙的模型》一文中，将该图案诠释为“行星体系的出口和入口”，而地球是整个体系的中心。

沙特尔大教堂的迷宫图具有11处褶皱，对应行星体系以及地球在其中的位置，呈现出更高层次的世界观。

可以预见的是，在对社会时事进行富有创意的解读时，阴谋理论家早已通过实际事例证明了他们的理论。可以想见，引人注目的数字图案在这些阴谋理论家进行推理和演绎的时候，起到了十分重要的作用。不管你是否相信数字命理学（对此我们将在后面的章节中更深入地探讨），现代历史出现过某些数字图案，似乎带有不同凡响的意义。只要有巧合的事情发生，总会有人决意找到其背后的原因，查明事情的真相。

现在请留意一下100美元纸钞的背面：你也许之前从未留心看过，但如果数一下“独立厅”主体的左边和右边较矮的建筑物的窗户（不包括房门），你会发现总数加起来分别是11和11。这是一个大阴谋，欲使这个神秘的数字在我们的大脑里根深蒂固？还是某个神秘社团传达的信息？抑或只是巧合而已？

无论巧合与否，建筑主体两侧的窗户数量总数各为11，这个神秘的数字似乎对很多人具有某种特殊的意义。（图片来源：美国联邦储备）

9月11日

2001年9月11日发生的一幕幕惊心动魄的画面，将永远铭刻在美国人民的脑海里。还未等美国政府弄清楚到底发生了什么，流言蜚语就在坊间飞满了天。不管你是相信官方空洞无力的说法，还是支持民间的众说纷纭，数字11似乎以异乎寻常的频率出现在人们面前。下面是一些与这起事件相关的更为深刻的“巧合”：

- 2001/9/11——9月11日纽约市遭到恐怖袭击。
- 9月11日是一年中第254天：2+5+4=11。
- 过了9月11日，一年还剩111天。
- 两座世贸中心大楼的楼层数都是110层和110层。由于数字“0”不是整数，所以剩下的就是11:11。
- 世贸中心总共有21800扇窗户，2+1+8+0+0=11。
- 第三座倒下的高楼共有47层。4＋7＝11。
- 第一架撞击双子塔的飞机是第11号航班。
- 美国航空公司的电话号码是1-800-245-0999（1＋8＋0＋0＋2＋4＋5＋0＋9＋9＋9＝47，4＋7＝11）。
- 纽约州是第11个加入美利坚合众国的州。
- 纽约市（New York City）总共有11个字母。
- 撞楼的第11号航班上共有92人。9＋2＝11。
- 第11号航班的机组人员总共有11人。
- 第77号航班飞机上共有65人。6＋5＝11。
- 第11号航班的呼叫字母是AA11：A=1，A=1，AA＝11。
- “911事件”中的恐怖分子的基地被怀疑是在阿富汗(Afghanistan)，这个单词总共有11个字母。
- 奥萨马·本·拉登的出生地是沙特阿拉伯（Saudi Arabia），这个地名总共有11个字母。
- 2002年9月7日，纽约市的法医宣布世界贸易中心遇袭事件中官方最终统计的死亡人数是2801（2+8+0+1=11）。

在懦弱的恐怖分子发动“911事件”之后不久，著名的特异功能大师尤里·盖勒即刻在他的网站上登载了他的许多设想。其中一些观点如下：

- 恐怖袭击的日期——9月11日。9+1+1=11。
- 119是伊拉克和伊朗的地区代码（1+1+9=11）。
- 双子塔并排在一起看起来就像是数字11。
- 有一些人名和名称是由11个字母组成的，例如空军一号（Air Force One）、乔治·W.布什（George W Bush）、比尔·克林顿（Bill Clinton）、沙特阿拉伯（Saudi Arabia）、科林·鲍威尔（Colin Powell）。
- 阿富汗（Afghanistan）——11个字母。
- 五角大楼（The Pentagon）——11个字母。

将11:11加起来

盖勒的网站里充满了有关数字11（即11:11）的神秘的各种观点。“若将1111乘以1111，结果是1234321，这个数字呈金字塔的模式，数字11是金字塔的神圣数字，大金字塔的高与底边的比例是7比11。11的形状也与圆周率π相仿。因此，数字11似乎在理解宇宙的数学基础方面具有至关重要的作用。”同样的金字塔效果也可以通过下面的方法获得：若将111111111与111111111相乘的话，结果将是12345678987654321。盖勒也让我们要注意一个事实：许多名人的名字都有11个字母（其中就包括本书的一名作者！），例如菲德尔·卡斯特罗（Fidel Castro）、成吉思汗（Genghis Khan）、利昂·托洛茨基（Leon Trotsky）、哈里·杜鲁门（Harry Truman）、基努·里维斯（Keanu Reeves）等。

盖勒还表示，11以及11:11在人们生活中的出现也许是提醒我们学会跳出传统思维的窠臼。“11:11不允许你忘记现象背后更重要的问题，因为它总时而不时地在现实生活中冒出来，如同催化剂一般，使我们的个人意识从崇高的事物上转移到更具挑战性的事物上。”

《11:11——在入口内》一书的作者索拉拉富有敏锐的直觉，她对此表示赞同，认为数字0和1的无休止的出现代表了一种“积极的联系，通向宇宙及更远的神秘地带的入口。”但话又说回来，为何如此积极的事物会与我们有生之年在美国发生的最糟糕的恐怖袭击联系在一起呢？我们是否只是用任何可能的理论来解释某个数字反复出现的现象，也不管这种解释是否行得通？

不是所有人都相信盖勒的神秘理论。Skepdic.com网站上的悲观主义者们认为，围绕“911事件”还有很多其他因素与那个神秘的数字毫无关系。他们在网站上举出以下例子：

- 一共有19名劫机者（1＋9＝10）。
- 一架飞机是767（7＋6＋7＝20）。
- 一架飞机是757（7＋5＋7＝19）。
- 宾夕法尼亚州（Pennsylvania）和华盛顿特区（Washington D.C.）都有12个字母。
- 下面这些词的字母总数不是11：奥萨马·本·拉登（Osama Bin Laden）、五角大楼（Pentagon）、塔利班（Taliban）、世贸中心（World Trade Center）、伊拉克（Iraq）、伊朗（Iran）、巴基斯坦（Pakistan）、圣战（jihad）和其他8个劫机者的名字。

也许盖勒等人犯了“确认偏见”或“选择性思考”的错误——所有巧合的发生都符合“大数法则”（我们会在后面的章节中对此进行深入的讨论）。不难想象，在某一天某个具体时间，会有很多巧合的事情发生。设想将发生的这些巧合的数量置于数十年、数百年或数千年中！

那为什么还有如此多的人还在讲述与11:11有关的奇闻奇事呢？有一点我们要知道：不仅仅是时钟在显示这些神秘的数字。有很多人表示在来电显示、汽车牌照，以及其他有数字显示的地方见过这个数字。几乎可以明确的一点是，“叫醒电话”不仅仅是针对几个人而已，而是在“唤醒”地球上的所有人。

根据网站1111spiritguardians.com，也有人表示在时间提示现象发生的时候，遇到过一些诡异事件。例如，经过一个房间的时候，房内的灯时开时关；门铃响起，而门口却空无一人；红绿灯随意变换。所有这些现象都无法解释。支持这些奇异事件的理论牵涉“阿卡西结构”（现实世界的理论层面），根据这个理论，人们可以与各自的灵魂守护神进行沟通，感受到与他们的交流（有时是充满恶意的交流！）。有趣的是，这个理论似乎与幻想家埃德加·凯西预测的“阿卡西记录”十分吻合。凯西表示，他能通过意念获取这些“生命信息”的记录，在解读病人身体期间获得必要的医学信息。若情况果真如此，这也说明它与“零点场”（ZPF）之间可能存在联系。在量子物理学和理论物理学的框架内，零点场是一个自我更新的能量力场，人们认为这个能量力场包含了所有物质——不管是有形的还是无形的。尽管“零点场”尚处在推测和猜想的阶段，但许多科学家和学者仍然还在争论它的真实性。

中道者

有一个理论颇为流行，那就是被当作恶作剧的1111个名叫“中道者”的天使或灵魂守护神。人们猜想这些天使担负着为世人提供帮助的特殊工作。有个名叫乔治·巴纳德的人宣称自己是其中一员，与这些守护神共事了将近60年。他的经历记录在《从乔治·巴纳德的书桌开始》中，随着该书的出版，一批崇拜“中道者”的忠诚拥趸也随之产生。支持他的人认为，到了2012年，“时间提示现象”将不再出现，而现在出现的提示现象是让我们为此做好准备，是在引导我们前行。许多登录一些流行的11:11网站论坛的网友似乎真的遇到过天使，或至少想象过与天使见面，他们认为是守护神或天神在帮助他们，为他们指引方向。

根据这家网站，“中道者”似乎对不同的时间提示现象有不同的解读：

- 11:10意味着，“我们想与你谈谈”，要向你面授机宜。
- 11:11意味着，“中道者”在向你打招呼。
- 11:12意味着，数据已经“上传”，当你清醒的时候，如有需要，数据就会从你大脑里冒出来。

在为何有人会而有人不会收到时间提示这个问题上，巴纳德提出了他的见解。在他的个人网站上，他表示有些人也许更容易从内心而不是外界接收时间提示。巴纳德给出的另一个推断是，人的天赋或本领吸引了守护神的注意，可以为了更高的目标而发挥作用。

上述理论似乎赋予了时间提示现象以现实意义，乔治·巴纳德意味深长地将之称为“提醒电话”。而且，这也许还表示了“中道者”与你进行联系的水平层次。巴纳德等人表示，我们每个人都能借助基因与这些“天外来客”联系。这种理论中极为重要的一点是，在某个时候，能够帮助我们经历未来转变的数据会“上传”到我们的显意识里。

2012的联系

巴纳德的预测或许能与2012年直接产生联系，许多人认为2012年是世界末日或者新的开始。玛雅日历将2012年12月21日看作是世界末日，该日历表示在那一天的中午11:11将会发生一件十分重要的事情。人们提出了许多与2012相关的理论，但是在那一天到来之前，所有的一切都不过是猜测而已。人类是否会在那一天全部灭亡？我们是否会穿过某个宇宙的入口？人类意识是否会在全球范围内产生深刻的转变？

许多人曾预测，在2012年之前的一年，人们很可能会对人类意识的进化突然产生强烈的兴趣和关注——仿佛人们在为2012年12月21日（所有数字加起来也是11！）的“最后摊牌”做准备。对某些人而言，2011年1月1日（1/1/11）和同年11月11日（11/11/11）是我们向伟大的2012年加速前进的关键时间点。

另一个与2012年之间的联系虽然源自它与2013年的联系，但也很有趣，这个理论是来自一个名叫“眼见为实”的美国在线会员网站。该网站的版主得出了一个结论，认为11:11时间提示现象实际上与双鱼座时代的结束和水瓶座时代的开始相关。这个计算公式十分令人费解，晦涩难懂，需要对代表分钟、小时和年份的具体数字进行一番加减乘除，最终得出世界末日的日期。但除此之外，还有其他许多人利用充满创意的方式将11:11与玛雅日历的世界末日论联系在一起。

双鱼座的象征物是鱼，而基督又是“人之渔夫”，结合这两点，该网站的作者认为双鱼座时代开始于基督的降生——0年。我意识到历史上不存在0年，双鱼座时代应该开始于公元1年。但我的推断是基督诞生时是0岁（而不是1岁），一年后等他年满一周岁时才变成1岁。因此双鱼座时代应该是2160年，将其转化成时钟格式，具体如下：

- 12小时＝2160年。
- 1小时＝2160年/12=180年。
- 1:00＝公元180年；2:00＝公元360年；3:00＝公元540年，如此类推。
- 11:00＝1980。沿着这种思路换算下去，如果11:00开始于1980年，那么11:11又是哪一年？
- 1小时＝180年。
- 1分钟＝180年/60＝3年。
- 11分钟＝3年×11＝33年。

- 1980＋33年＝2013。
- 11:00＝1980。
- 11:11＝2013。

我们又一次使11:11与玛雅日历的世界末日产生了谜一般的联系。我们是否真的处在第11个小时呢？

有趣的是，乔治·巴纳德并不相信11:11与2012年之间的这种联系。他认为两者之间如果真有联系，那么人们应该遭遇20:12时间提示现象。这是一种合乎逻辑的猜测，但是世人普遍地认为“精神提升”的时间应该是中午11:11（格林尼治标准时间）。巴纳德相信在我们星球上发生的这种“精神提升”的现象起到了“交流的灯塔”的作用。这个自动信号一直都在号召数亿计的天使来帮助我们（只是出于对原来的1111的尊敬，他们仍然使用11:11作为时间提示信号），“一百多万人获得了这些11:11的提示信号。”难道他们是天使挑选出来的人，负责带领他人进入一个新的生存时代？这当然不是什么新鲜的观点，因为“新时代运动”一直认为，天上的守护神在地球上带着我们离开世界末日的“命运深坑”，而这个命运似乎很快就要降临到我们身上。

入 口

11:11也与“光工作者”这个概念联系在一起。“光工作者”据传是能够医治身体和精神创伤的个人组成的群体。根据一些论坛上的观点，“光工作者”似乎相信时机已到，认为来自各种背景的光工作者应该提高他们的个人意识，增强各自的治愈能力，将更多的光带到这个世界上（也因此产生了时间提示现象）。这个观点与索拉拉提出的理论相似，她在《11:11——在入口内》中提出，11:11现象不仅出现在意识增强的时候，还通过“激活”细胞的记忆，使我们想起早已忘记的事情，从而对我们产生重要的影响。

索拉拉写道：“11:11是个预先编码的触发器，在我们诞生前便置于我们的细胞记忆库中。在触发器被激活的时候，世界末日的时间就开始临近。11:11因此被激活。”她接着解释11:11的来源及其提供者，这些幸运儿是在11:11的第一个入口处被唤醒的人。她认为第一次唤醒发生在1986年12月31日，然后是1987年的“协波汇聚”，1988年的“地球联系”和1990年最后一次“地球日大激活”。显而易见，这个入口的完全敞开开始于1992年的1月11日，设定于20年后关闭。她在书中写道：“11:11的入口开启一次，关闭一次，只有一个人能通过。这就是我们的统一的灵魂，很多人融为一体。11:11于1992年1月11日开启，于2011年12月31日关闭。”

在这段时间里，天使（据说是来自地球外的某个地方）将开始在“物质蜕变”中发挥作用，协助我们的星球和人类穿过这个被激活的“记忆”时期。索拉拉表示，我们将穿过11扇能量门，这些能量门是“逐级增加的能量站，通向新的意识平台”。

索拉拉的著作非常详细地描述了这个过程的景象，我们在这个过程中都会收到“执行指令”，这些指令被编码后置于我们的细胞记忆里，直到秘密揭示的那一天。随着这些指令的开启，我们会想起自己是谁，来自何处，一起朝索拉拉认为的现实的“一体性”迈进。

DNA

对于这种大范围集体现象的发生有多种解释，其中最为广泛认可的是人类DNA本身的编码。科学家发现，我们遗传基因的记忆通过编码被储存在DNA里。与我们的日常生活中出现的数字代码相似，我们的DNA已经编好程序，以此激发决定我们身体构造的进化发展。

遗传学家常常对潜藏在我们体内的大量“无用DNA”感到好奇，因为这些DNA似乎没有什么明显的用途。根据分子生物学家的研究，我们的DNA中95%—98%的部分具有未知的功能。虽然尚未得到确认，但这些基因也许具有潜在的用途。科学家已经发现，DNA中核苷酸的序列并非随意排列，而是与人类语言的结构具有惊人的相似！俄罗斯科学家彼得·伽利耶夫博士（分形遗传学的开拓性研究者）通过近期的实验发现，基因调控的一些重要方面也许会在量子层面受到影响。“我们在寻找的语言似乎就隐藏在我们的基因载体上98%的‘无用’DNA中。这些语言的基本原则与全息图像的语言相似，基于基因结构的激光放射原则，这些基因结构在准智能的体系中共同发挥作用。我们应该认识到，我们的基因设置实际上完成了对遗传密码的三重模式进行补充的过程。”这可以产生一些非常奇妙而有趣的可能性，我们将在第十章中更详细地进行探讨。

“反UFO保密公民联盟”（CAUS）的前任主管彼得·杰斯登在《信仰的飞跃》（收录在《2013：世界末日还是新的纪元》）一文中谈了他对11:11的想法。

我觉得现实世界都是幻觉——是智能设计的宇宙电脑程序的一部分，由数字代码展现出来。神圣几何学、频率和振动界定了我们的生存。在生活中，我们的遗传记忆在某些具体时间点被这些数字代码激发出来。这些数字代码唤醒人们的大脑，使大脑察觉到意识的变化和演化。11:11是一种指代各种各样的循环的代码和暗喻，它不断展现出现实世界，仿佛是在遵循一份宇宙的蓝图。神秘的11:11也因为其象征性内涵而为世人所知——这个方面与宇宙的入口有关。最具有同步性的事实是，11:11恰好就是2012年的冬至日。难道21 12 2012是宇宙的电脑文件，而11:11相当于宇宙电脑文件的可执行程序的扩展名exe?

如果11:11时间提示现象要将我们叫醒，它也许是在遗传或量子层面上完成的。促使某个具体时间不断反复出现的因素也许激活了这种“无用DNA”的语言。或许这个“基因语言”是通向蛰伏在人体内更高层面的进化发展的关键，等待着合适的“钥匙”或事件将其激活。

真的像某些理论家认为的那样，我们的DNA也带有11:11神秘现象的答案?这就是经历了11:11时间提示现象的人所描述的许多同步发生的奇异事件的原因?

在广受欢迎的玄学网站Crystalinks.com上，11:11时间提示现象被认为是一种数字代码。“现实世界是由数字代码创造出来的意识程序。数字和数字代码明确界定了我们的存在。人类的DNA，我们的遗传记忆带有编码，在具体时间和具体频率下能被数字代码激活。”该文作者还认为这些编码会唤醒人的大脑，使我们感知到意识的进化。“意识是一种程序”的观点表明它跟信息理论（IT）之间有所联系，信息理论认为整个宇宙就像一台巨大的计算机。

这种假设也许显得有些怪异，却赢得了学术界、科学界和“新时代”圈子的广泛的支持。我们会在后面的章节里讨论“信息理论”。尽管电脑是以比特和字节为单位运转的，但我们的DNA也许将时间提示和数字代码当作信息来使用，以某种方式转换成“身体的语言”，然后激活了身体和精神的变化。

许多人又将这种激活与2012年联系到一起，认为玛雅日历和其他中美洲日历就是证据，两种日历都预测并期待在这个时间点上人类发生巨大的转变。有人认为，数字11暗示DNA的螺旋向上的两条线不断上升，最终构成更高层面的意识。其他人将数字11看作平衡的标志，当这个数字被激活的时候，阴和阳、女性和男性之间便能够和谐相处。

不过正如尤里·盖勒所说的那样，如果我们可以将其看作是积极的因素，那就应该这样看待：“我相信，如果人们一直与11:11现象有所接触的话，那就意味着他们有某种积极的任务要完成。我们要做什么，或我们为何维系在一起，这仍然让我百思不得其解，但这些问题却是真实存在的。我觉得这件事情具有非常积极的意义，似乎某个有思想的生物，正在从茫茫宇宙中向我们发送物理和视觉的信号。”

松果腺

“无用DNA”或许并非人体内与11:11等时间提示现象相关的唯

一一个激活因素。同样神秘的还有松果腺，它在唤醒更高级别的生物上或许也起到了一定的作用。松果腺是一种内分泌腺，位于大脑中央的深处。一直以来，松果腺与一些玄学甚至是超自然的概念联系在一起，如同一种“有魔力”的器官，起到第三只眼睛的作用，使我们的人生经历超越了五种感官。

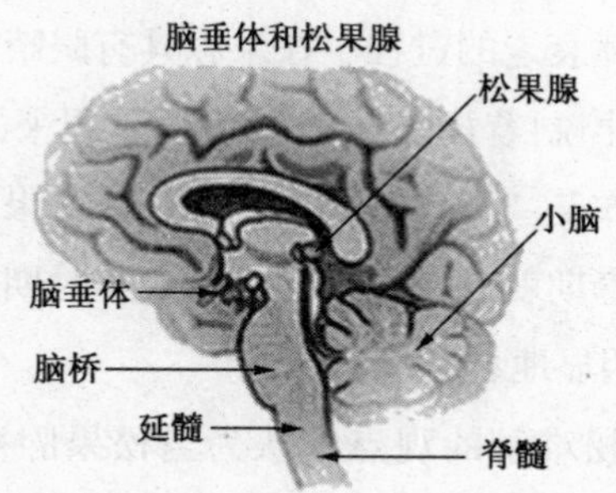

微小的松果腺有具体可知的生理用途，但也仍然具有神秘未知的更深层次的用途。（图片来源：维基百科）

许多科学家认为这是一种“蛰伏”于体内的腺体，其用途一直都是未解之谜，在许多神秘和精神至上的文化传统里，它被看作是神秘叵测的“第三只眼”。根据传说，这个腺体是人类灵魂和内在视野的窗户，如同两只眼睛是观察外部世界的工具一样。松果腺或“松果眼”与顶轮①和瑜伽派的第三只眼联系在一起，长期以来，“新时代运动追随者”和玄学家将这种腺体看作是“可供人类获取的最强有力和最高层次的以太能量的源头……在激发人的超自然能力方面，松果腺一直都很重要。精神天赋的发展与这个视野更开阔的器官紧密联系在一起。这第三只眼可以看到物质世界之外的世界。”这一段文字引自

① 顶轮（crown chakra），位于头顶中央，是人体精神力量的中心，主要掌管智慧以及和世界融为一体的感觉。

几家专门为研究松果腺而设的网站。

松果腺大小与豌豆相差无几，重量不过0.1克，形如微小的松果，位于脑垂体的后上方，脊椎动物脑部的眼睛后面。笛卡尔曾将其称为“灵魂的中心”，认为松果腺是维系智力和身体的纽带。这种腺体实际上有生物学方面的作用，掌控着人体生理功能节律，调节口渴、性欲、新陈代谢和身体衰老的过程。松果腺具有眼睛般的结构，作用相当于光感受器，它控制着褪黑激素和睡眠或醒来的季节性功能和模式。松果腺曾被称作是“退化器官的残留”。松果腺在人小的时候形状巨大，但到了青春期就开始收缩。进入成年时期，松果腺的钙化十分明显，人也因此明显地衰老起来。

有一种更为神秘难解的观点，认为当松果腺被唤醒或激活的时候，就如同在时间提示现象或11:11经历中一样，人们会感到大脑底部有压力。这种压力被描述成与较高的共鸣或频率联系而产生的效果，平时难以察觉和体会。因此，许多人相信，时间提示现象使我们在更高层次的现实世界中苏醒过来，这种现实常让人联想到不断增加的超自然活动和不断增强的通灵能力。有种观点认为玛雅长历法中2012年的世界末日让许多人的松果腺苏醒，使人们的意识、知觉和感知发生巨大变化。“随着人类不断向前进化，在经历了从精神到物质，再从物质到精神的过程，松果腺将继续从长期的蛰伏过程中苏醒过来，带回人类精神方面的能力。”Crystalinks网站如是写道。

松果腺是否真的具备这些能力，是否真的就是直觉和内心指引之所在，仍然是个很有争议的话题。与我们所谓的“无用DNA”相似，它曾经被认为毫无用处，但结果发现我们身体的每个部分都是有用的，或者在我们人类进化的过程中发挥过作用。如果这个腺体正处在休眠的状态，等待着与其他腺体一同被唤醒，我们也许会看到大规模的意识转换，导致所谓的新时代的开始，也许是“水瓶座时代”和内心启蒙运动的开始。如果发生这个变化，那么外在的物质世界，即我们用正常的眼睛所看到的传统的世界，也许会立刻让位于我们用内心的眼睛所看到的世界景象。

寻找证据

不幸的是，对于许多经历过11:11时间提示现象的人和像我们这样研究这些现象的人而言，几乎没有什么准确可靠的事实可以佐证。对于那些看到时间提示的人们的种种经历，我们会产生主观判断。我们没有任何科学证据，也没有任何科学方法能够验证这些现象。其实，每一次发生这种现象的时候，我们最好能够出现在现场，测量大脑的数据和当时的环境影响，然后对数以万计有此经历的人不断进行测试，以决定是否有可靠的模式能够“站得住脚”。可重复性和可控制性是科学方法中最为重要的概念，在现有的情况下，这两者几乎都无法实现。

前面提到的所有理论的问题，它们其实仅仅是理论而已。顾名思义，“理论”是未经证实的假说或看法。就我们现在的理解力而言，这些理论是无法证明的，而且也没有任何科学价值和合理性。尽管缺乏科学价值也许对处于“新时代”或新的精神信仰体系的人而言并不重要，但身为作者，我们则必须要问：“是这件事决定了意义，还是意义决定了这件事？”

当然，时间提示现象确确实实在发生，警觉的人在每天合适的时间看钟表时，都会感受到它的存在。没有人能否认这一点，就像没有人能否认世界各地到处都有人说见到过鬼魂、UFO或超自然能力，以及许多其他未被证明却随处可见的神奇经历。也许警觉心是最关键的因素。如果对四周环境的感知能够更加明显，我们一定会注意到一些奇怪的巧合。有心关注周围世界的人，会看到其他人也许漏掉的事情，原因很简单：他们并未在正确的时间和正确的地点集中注意力。

一个极佳的例子是购置新车。自从你将头发染成亮粉色，像高中时代一样抵制主流潮流，你一直都将自己看作是独一无二的个体。在这种思路的引领下，你的车自然就会表现出那种个性特点。一番深思熟虑后，你最终决定购置一辆紫色的尼桑SUV。你急匆匆地到汽车经销商那里，令你惊讶的是专卖店里恰好就剩一辆存货！在办好了所有的购车手续，签了购车合同之后，你将车开回家……一路上你至少看到五十辆紫色的尼桑SUV。你心里纳闷这些车都是从哪里冒出来的？也许这些车一直都在路上跑，但你之前却从未注意到它们？注意到反常的时间现象会引发更多类似事情的发生，这只是因为你的认知程度提高了，你现在会注意到平常往往忽视的事情。

但另一方面，2012年与中午11:11的格林尼治时间是否存在因果联系，这是我们可以证明的。但是对于其他"上千万"体验过时间提示现象的人而言，也许此事的意义不是它在某天会改变一切，也许其中的意义要更加微妙、难以捉摸。或许我们需要从中吸取教训，我们应该醒来迎接自己的生活——不去理会钟面上的时间，更加留心生活的细节，追逐自己的梦想。那些具有宗教信仰的人常常表示"上帝是以神秘的方式工作的"。也许这个11:11现象不仅仅只是好玩或恼人的巧合，而是蕴含着更深的内涵。

我们真诚地希望，读完本书，你能对数字和数字以何种奇怪而又神秘的方式出现，获得新的认识。我们将会发现，数字远不止是数学这样简单。

■

整体大于各部分加起来的总和。

——亚里士多德（公元前384年—公元前322年）

2:2

第二章

数字的世界

对数字的了解是我们与野蛮人之间的主要区别之一。

——玛莉·沃特雷·蒙塔古女士

环顾一下四周，你都看到了什么？手机？信用卡？遥控器？时钟？几乎确定的一点是，在你触手可及的范围内肯定有跟数字相关的东西。数字在现代生活的方方面面都发挥着不可或缺的作用。大量的数字出现在日常生活中，而我们却常常无动于衷，这跟语言有着几分相似。但是，与语言本身相似的是，数字是一种沟通方式，是我们赖以生存的根本。你能否想象一个没有数字的世界会是什么样子？

也有人企图利用各种不同的数字体系的演化史来概括复杂的历史，这是绝对不可能做到的。因此，希望通过我们的介绍，你能对我们热爱的数字来自何处以及数字在几千年里如何演变等方面有一个基本的了解。要想了解数字与人类的进化如何紧密地联系在一起，这方面的背景知识是必不可少的。

数字的开端

人类历史开始以来，人类便意识到自己需要用某种方式对事物进行测量和计算，弄清楚事物的数量。最开始的时候，人类产生这种需要就是为了记录财产所有权。为了满足这种基本需求，数字应运而生。后来，贸易经济和实物交易要求人类掌握更高级别的计数体系。随着时间的推移，随着人种的进化，基本的数字体系发展成为一个复杂而庞大的体系，这个体系包含了负数、有理数、无理数、实数、超越数、复数、可计算数、抽象数、整数和数字序列。单单在记账的时候，很多数字就会让人摸不着头脑。

尽管没有权威的资料能证明人们何时开始真正使用数字，但不难想象最初对数字的需要也许是两个史前穴居的尼安德特人在对抗不断升级的时候产生的。为了便于理解，我们暂且将这两位远古的绅士称作“奥格”和“阿格”。奥格富有冒险精神，有一次在探险的时候发现了八个苹果，他饥肠辘辘，打算将苹果全部吃掉。但与他一起打猎和生活的伙伴阿格也是饥寒交迫，阿格要求与对方平分苹果（没准他曾将前一天找到的浆果的一半分给了奥格）。因此，为了不伤害朋友情谊，奥格拿出三个苹果给了阿格。阿格感觉有些不对劲，让奥格将所有的苹果都放在地上，然后从奥格那堆苹果中又拿了一个放在自己这一堆里。人类历史上第一次数字计算行为就这样发生了（穴居人之间的一场争斗也得以避免）。

不管上述场景是否真的发生过，第一次已知的为了计算而使用数字的行为据说可以追溯到约公元前3万年或公元前4万年。这个观点是由《数字通史》的作者乔治斯·艾弗拉提出来的。因为当时的骨头和人工制品上带有明显的“计数符号”，上面清楚地标记着日期。史前人类也许也利用他们对数字的了解来记录天上的星星，利用数字将白昼和黑夜分成若干个时段，记录鸟群和动物的数量，甚至用来记录他们孩子的成长过程。最终，刻在骨头和石头上的原始符号被更为复杂的形式所代替，但艾弗拉认为“符木”虽然看起来比较原始，但近代美国原住民工人依然在使用。

艾弗拉将“计数符号”称作“一对一对应”，这种对应决定了，“即使是最简单的大脑也能比较两批生物或物体之间数量的差异，不管是否属于同类，都无需使用计算的能力。”几千年来，原始种族利用他们所具备的东西，如骨头和岩石，在生活中使用这种“一对一对应”的方法。这种计算事物数量的方式不需要掌握数学方面的知识，你只要能找到生物或物体并进行记录即可，而这种能力总能派上用场。艾弗拉表示，管理羊群的时候，牧羊人只需计算早上带出去吃草的羊的数量与当天晚上带回家的羊的数量之间的差额就行了。

根据艾弗拉的观点，人类所知的第一种书面计数体系出现在公元前4000年的埃兰[①]。人们在埃兰发现了鹅卵石计数法，当时的“会计师”使用“未经烘焙的黏土代币，来代替普通或自然的鹅卵石”。每个代币具有不同的价值，代表一个或更高额度的单位，而且如果代币的形状不同，代表的价值也不尽相同，换言之，小石子也许是“十”，而大一些的石头也许代表“百”。

不同的文化是否建立了各自的数字体系，或者使用数字的想法是否来自一些计数体系发达的文化，然后才传播到了其他地方，这已经

① 埃兰（Elam），亚洲西南部一古国。

成为人类学家、历史学家和数学家争论的一个话题。但有一点，大多数人都表示赞同——我们自己的数字系统是基于印度—阿拉伯体系。大多数专家也一致认为，基数（一，二，三……）变成序数（第一，第二，第三……）的过程也许是使用手指将物体按照具体顺序摆放的结果。而你总觉得使用双手双脚来计算只是个玩笑！

不同于我们穴居祖先使用骨头和石头的原始计算方法，数字的发展似乎与文化、语言以及更高级别的知识紧密地联系在一起。一些最古老的文化通过重复使用代表某个物体的图形来表现数字。一个极佳的例子是，用三块简[①]的图形象征性地表示“简”这个词重复使用三次。这一点在埃及文化里尤为明显，因为埃及文化使用了三种数字体系：象形文字、僧侣体和大众体。

埃及计数体系

象形文字是最广为认可的体系，常常被写在石头上。象形文字对“数字”的关注不多，它是一种更加正式的语言模式。僧侣体，或称寺庙体，更多的是由僧侣操作使用，文字写在纸莎草纸上。大众体源自僧侣体，成为文本写作中最常见的体系。埃及数字从右向左书写，数字1到9是由垂直的线呈现出来的。更大的数字用更具有象征意义的图形表示，例如一卷绳子代表“百”，双臂举起的人形代表“百万”（这个符号不难理解，因为如果得到一百万件物品，谁不会高兴地举起双臂）。

---

① 简（tablet），古时以木头、象牙、金属等制成，并涂以蜡层或黏土层的刻写板。

苏美尔数字

古老的苏美尔人和巴比伦人利用符号对数字进行分类。苏美尔人采用六十进制的计数方法，实际上只有两个数字，1和10，其他所有的数字都利用这两个符号的不同组合来表示。早期的巴比伦人既采用十进制，也采用六十进制，发展出一系列垂直线和三角形来分别表示较小的数字和较大的数字。数量由直线和三角形相应的增减来表示。十分有趣的是，这些简单的计数体系很少包含0的概念，关于数字0我们稍后再讨论。

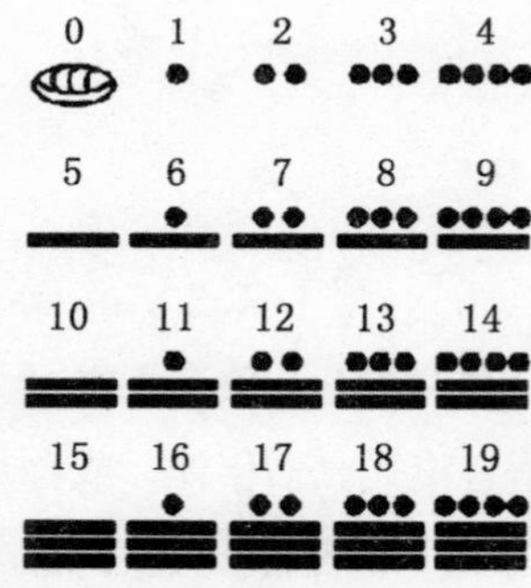

玛雅人利用点和线创造出自己的数字体系。

（图片来源：维基百科）

玛雅数字

其他文化使用不同类型的横线和点来表示数字分组，如玛雅文化。玛雅人和阿兹特克人都采用二十进制来计算数字，这与今天我们使用的十进制体系不大一样。他们的数字将横杠和圆点结合在一起，与之前的数字体系不同，这个体系甚至还包含一种贝壳形的符号来代表数字0。

中国数字

上述文化的计数体系与中国数字具有一些相同的特点，它们都使用了“直杠体系”，这种体系源自古人使用木棍计数的方法。0用正方形来表示，而更大的数字则用拼合文字的形式来表示；木棍的上面和下面添加垂直线来表示增加的数值。这种古老的计算方法也被称作“木棍算术”，根据1993年11月由杜石然在《教科文组织信使》上发表的文章《早期中国的木棍算术——利用直杠的中国计算方法》，这种计算方法可以追溯到7000年前的阳朔文化。

在中国的河南和山西两省挖掘出土的陶器碎片上有一些刻上去的记号，是由垂直的线条组合而成。这种早期的排列形式被认为是中国出现的最古老的数字体系。中国早期数学家们使用直杠计数，直杠是用竹子做成的棍子，名叫“筹”。在进行计算时，需要将竹棍摆出各种不同的图形。后来这种方法被称作“筹算”。

更近代一些的中国数字体系包括商代中国人对“甲骨”的使用，人们通过把5000个中国字刻在甲骨上，来记录打猎和用作祭品的鸟兽的数量。这些数字体系在几千年里不断发展，最终发展成今天的汉字。从历史的角度来看，这些现代汉字仍然与最初的样子有着紧密的联系，因为现在的汉字与汉朝的文字极为相似，汉朝的文字在中国历史上开始于公元前206年，结束于公元220年。

阿兹特克人

根据墨西哥国立自治大学的数学家玛利亚·德卡门·豪尔赫·豪尔赫的最新研究，位于世界另一端的阿兹特克人也在他们的数学体系中使用了心形、箭头、手、骨头和胳膊等符号的组合。与地理学家巴巴拉·威廉姆斯一道，德卡门·豪尔赫·豪尔赫对《贝尔加拉法典》进行了仔细的研究，这是一本阿兹特克的古代测绘书，两人发现当时土地的度量长度与许多图象之间具有清楚无误的联系。两位研究者还发现了一个令人吃惊的事实：60％的田地的数据都与今天使用的基本测绘计算数值相符，许多田地带有斜坡和梯田，这表明古人对农耕方法具有清醒的认识。

阿兹特克人在农业和工程学方面的成功证明了，连这种原始的计算方法都能达到完全可以接受的准确水平。

古罗马人、古希腊人和古希伯来人采用字母体系进行计数，一个字母对应一个数字。希伯来字母表中的22个字母能够代表数字1到400，更大的数字则用字母的组合来表示。例如，数字500用400和100对应的字母组合来表示。

希伯来数字

希伯来数字与希伯来字母表中的字母相互对应。

1	א	10	י	100	ק
2	ב	20	ב	200	ר
3	ג	30	ל	300	ש
4	ד	40	מ	400	ת
5	ה	50	נ	500	תק
6	ו	60	ס	600	תר
7	ז	70	ע	700	תש
8	ח	80	פ	800	תת
9	ט	90	צ	900	תתק

数字	希伯来字母
1	*Aleph*
2	*Bet*
3	*Gimel*
4	*Dalet*
5	*Hei*
6	*Vav*
7	*Zayin*
8	*Het*
9	*Tet*
10	*Yud*
20	*Kaf*
30	*Lamed*
40	*Mem*
50	*Nun*
60	*Samech*
70	*Ayin*
80	*Pei*
90	*Tsadi*
100	*Kuf*
200	*Resh*
300	*Shin*
400	*Tav*
500	*Tav Kuf* 或 *Chaf Sofit*
600	*Tav Resh* 或 *Mem Sofit*
700	*Tav Shin* 或 *Nun Sofit*
800	*Tav Tav* 或 *Pei Sofit*
900	*Tav Tav Kuf* 或 *Tsadi Sofit*

罗马数字

同样，希腊人和罗马人也都使用字母数字体系。希腊人实际上有两个体系。第一个数字体系出现在公元前1世纪，该体系用每个数字所对应的首字母来代表数字。同样，在表示较大的数字时，他们将这些字母与代表数字5的字母结合起来完成。圆点表示千以内的数字，直杠被置于数字的左侧来表示千位。希腊数字体系，亦称Isopsephy(大意是“等值鹅卵石”)，指的是借助前人的方法，将鹅卵石摆出一些图案，来学习基础数学和几何学。这种早期的方法与文字数码学相关，也与今天还在使用的共济会数字象征符号相关。

罗马数字也许是基于数字5，使用具体字母来表示1到10之间的数字，以及50、100、500到1000之间的数字。罗马人并没有通过“增加”已有的数字或字母来表达更大的数字，而是选择了一种略微不同的方式，即导入了“减法原则”。举例来说，数字9是数字10（即X）左边加个1（即Ⅰ），结果是Ⅸ，而不是在数字5后面添加四个1。

当今时代

今天，我们使用的是一种混杂的数字体系，这个体系被称为“印度—阿拉伯数字体系”。这个数学体系采用了“印度—阿拉伯数字”的三大符号体系。根据维基百科，这个数字体系被定义为“十进位的定位数系”，其历史可以追溯到9世纪。这种体系的安排是为了“在十进制中采用部位记数法”，利用小数点来表示从1到10的数位分割。只有两种数字体系采用这种“定位数系”：埃及人使用的东阿拉伯数字和印度人使用的印度数字。

我们钟爱的数字0到9最早出现在印度，源自印度早期的婆罗门数字，这些数字出现在公元前2世纪至公元6世纪。尽管我们通常将这个数字体系称为阿拉伯数字（因为阿拉伯人在中世纪将这些数字传授给了欧洲人），但一些历史学家认为，数字0至9最早是在西亚的部分地区率先使用的。他们猜想，这个数字体系在公元十世纪迅速通过阿

数字难道都与角度有关吗？

你是否想过，为何1表示“一”，2表示“二”呢？罗马数字不难记，但这些数字背后的逻辑又是什么呢？其实一切都关乎角度！如果按照顺序在纸上将1到10以较早的形式呈现出来的话，你就会立刻明白个中道理。

- 我用“o”标记出角度。
- 数字1有一个角。
- 数字2有两个角。
- 依次类推。数字0没有角。

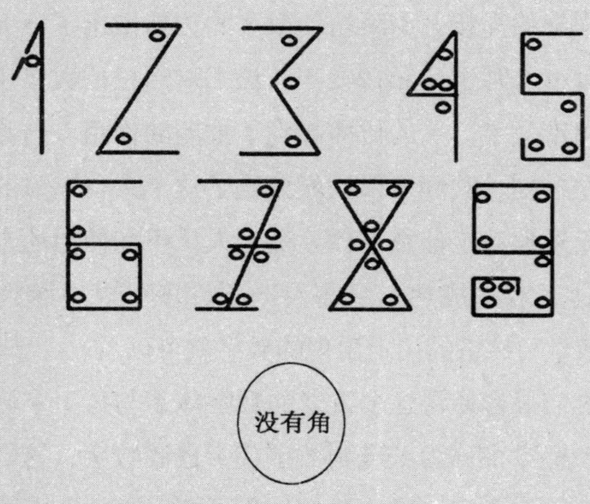

（图片来源：www.funkyspacemonkey.com）

拉伯天文学家和数学家的著作传入欧洲。出现数字0的最早的铭文也是来自于西阿拉伯世界，约公元870年，刻在铜板上的印度文件显示，数字0的使用可以追溯到公元6世纪。

印度—阿拉伯数字体系曾经是数学家的专属特权，而现在已经在世界各地被广泛使用和认可。印度—阿拉伯数字体系在中东和西方的传播，两位数学家波斯人阿尔-卡瓦里兹米和他的阿拉伯同事阿尔-金迪功不可没，两人的著作《印度数字算术》和《印度数字的用法论》发挥了重大的作用。这两部巨著创作于公元825年和830年间，为十世纪的中东数学家奠定了基础，他们在原来的基础上增加了分数。

进入现代世界

有趣的是，一个名叫斐波纳契的意大利数学家（此人我们将在第三章中进行详细的介绍）为阿拉伯数字的传播做出了巨大的贡献。他的著作《算盘书》写于公元1202年，该书对阿拉伯数字（他在书中还将其称为“印度数字”）的传播起到了推动的作用。这些数字由小到大、从右向左排列。欧洲人很快便接受了这个来自东方的新体系，印刷机的发明无疑推动了该数字体系被世人认可和使用的进程。想要知道这个数学体系有多成功，只需看一下许多可以追溯到15世纪的钟面、墓碑和教堂与高塔的门上出现的数字就可以了。

今天，我们很容易将这个古老的数字体系与拉丁字母表联系在一起，我们现在把数字称为二进制数字或十进制数字，这取决于在何种场合和背景下使用数字。我们最初使用手指、物体和图象来表示简单的数据、数额和数量，这一基本的构想现在已扩张成令人头晕目眩的复杂的数学帝国，其中包括实数、复数和神秘数，以及这中间的所有数字。

进制体系

有了进制体系，我们便发现了能够测量任何东西的方法，从电脑处理的信息数量到三个星期里能有多少头牦牛可以穿过峡谷这样的问题。

数字计算机基本上用二进制代表晶体管电压的两种状态，或高或低，或1或0。二进制常常等同于“开”或“关”的两种状态。相比之下，许多古代文化使用五进制，很可能是因为我们每只手上有五根手指！但是“尤基人”，即加利福尼亚北部的一个印第安部落，将这个理念又向前推进了一步，发展出一种八进制系统，将手指间的空隙也包含在内，不过只有八以内的数字。这一新颖独特的理念必然在各种不同的进制体系中脱颖而出。

如今，世界上最受欢迎的进制体系是以数字10为基础的十进制。该进制体系被广泛使用，其根源据称是与人的手指的数量总和相关。没错，下一个进制体系应该以数字20为基础，因为我们的手指和脚趾加起来共有二十根，许多前哥伦比亚中美洲文化，例如玛雅文化，就用过这种二十进制体系。想象一下，将这个体系与“尤基人”对手指间空隙的使用联系起来。手指和脚趾再加上之间的空隙，理论上可以达到四十进制！

还有另一个进制体系也广受欢迎，那就是十二进制。这种以数字12为单位的进制体系常常用在乘法和除法里，也因此使以“打”为单位的定量测量流行起来。12也是英国常见的度量单位。1英尺等于12英寸，白昼和黑夜各分为12小时。从美食主义者的角度而言，不仅著名的美食“费城奶酪牛排”最初的大小是12英寸，而且大多数比萨店里标准的尺寸也都是12英寸。

六十进制体系也为世人所熟悉，因为时间的计算需要使用这个体系。如我们所知的，1分钟有60秒，1小时有60分钟。这一体系出现在许多美索不达米亚文化中，其中便包括苏美尔文化，也许是源自十进制与十二进制的结合。这一点可以在中国农历中找到佐证，中国农历利用六十进制来表示年份，但每一年都有两个“符号”，分别是十进制和十二进制（十二进制对应的是中国生肖属相里的十二种动物）。

尽管我们只提到了几个进制体系，但你也许想知道，有一些进制体系与其他许多数字联系在一起。令人欣慰的是，我们在日常生活中很少会使用这些体系，也无需对它们了如指掌。否则，你能否想象我们可能会面对的信息超负荷的情况？

随着人们发展出各种各样的进制体系来满足各种不同的需要，数学家们也创造出各种类型的数字。幸运的是，对于普通人而言，一些基本数字（1到10），加上一点加减乘除的技能，就足以使你应付绝大部分日常需要了。但对于那些痴迷于数字可能性的魅力，或工作中需要具备更多数学技能的人而言，仅仅使用那十个普通数字似乎并不现实。

零

若从最明显的零的概念说起，你也许会想象出这样一个场景：一位数学家有一天闲坐于地上，望着原始的计算装置，加加减减。这时，他年幼的女儿走了过来，说："爸爸，你若是将它们都放在一边的话，另外一边就什么都没有了。"零就这样产生了。这不过是一种推测，我们对零的起源唯一的了解是，它似乎在同一个时间里出现在各种不同的文化中。

英文中表示零的zero源自意大利文zefiro和阿拉伯文afira，意指"空的"或"什么也没有"。这个词最早出现在梵文nya的翻译中，nya意指"没有"或"空的"（另一个词null也有此意）。公元前2000年，巴比伦人在他们的数字体系中为零指定了"位置值"。一些印度学家，例如青目，使用指代零的梵文词nya的历史可以追溯到公元前二世纪。

古希腊人还对零的存在进行了更多的诗学思考。事实上，零已成为一个哲学讨论的题目，宗教学者在中世纪时期也加入了这场辩论。一些学者对零的概念表示了质疑。这世上怎么会有一个"什么也没有"的数字呢？但是大多数数字体系实际上已经为零留出了一个特别的地方，或作为真实数字单独使用，或作为"占位符号"，创造出具体的语境。我们今天使用的印度十进制从阿拉伯西部传入欧洲，零或无的概念也随之传播开来。

零也出现在罗马数字体系中，大约开始于公元523年，对应的词nulla意指"什么也没有"，最终大多数中世纪数学家开始广泛使用这个词。另一个关于零的早期文件可以追溯到公元628年的《婆罗门历数书》，该书后来传播到中国和中东的伊斯兰世界。但是在公元1229年，罗马天主教禁止使用零，声称零是一个亵渎神灵的数字，因为用任何一个数字除以零的结果都是无穷大。令人欣慰的是，一位名叫拉乌尔·德·拉昂的中世纪僧侣和算盘计算师顶住了巨大的压力，重新将零的概念带入西欧，尽管许多意大利银行家和算盘使用者极力反对在他们的账本上出现这个“空”的数字。零很快变成商人和走私者使用的地下符号，他们纷纷在“记账”的时候使用这个数字。

无穷大

在数字世界的另一端，是一个无限大的数字或称“无穷大”，最早关于无穷大的记载出现在印度的《夜柔吠陀》中的《伊莎奥义书》（约公元3世纪）。“如果你将无穷大减去或添加一部分，剩下的还是无穷大。”这句话是我们知道的对无穷大最早的论述。印度经文《苏利耶假名》将数字分成三类：“可数”“不可数”和“无穷大”。这种分类体系对当时的人而言过于复杂，后来印度耆那教对之进行了调整，该教派认为即使是无穷大也可以进行细分：长度无穷大、容量无穷大、面积无穷大和永恒无穷大（维度空间）。如此多的无穷大肯定会让人摸不着头脑。

通常用来代表无穷大的符号也许是源自拉丁文lemniscus，意指“丝带”。人类学家和历史学家表示，这个符号也许是源自大毒蛇或称“世界之蛇”的西藏石刻画，该图也与无穷大和无限的圆圈联系在一起。

这个无穷大符号的起源最容易让人联想到约翰·沃利斯（1616—1703）。沃利斯是英国的一个数学家，他也是微积分的创造者之一。为了对他的突出贡献表示敬意，人们还以他的名字给一枚小行星命名——“约翰·沃利斯小行星31982”。

另一个广受欢迎的无穷大符号的起源论来自时间本身。许多人相信，这个符号是源自平放的沙漏的形状，代表“无限的时间”，沙子一直处在停滞的状态——似乎永远都不会流完或结束。

从零到无穷大，数字的范围很广。在这两个极端的数字之间，含有以下几类数字：

- 自然数——我们每天使用的整数，从0到1、2、3、4，如此类推。自然数是我们数数时常用的数字，故被称作“自然数”，用字母N来表示。
- 负数——比0小的整数，与正数（即任何大于0的数字）相对，书写时常使用“–”这个符号，如“–7”。因此与7相对的数字是负7。我们使用字母Z来指代负整数。
- 实数——所有可以用来测量的数字，通常使用小数点来表示数位。

- 有理数——用分数表示的数字，包含了分子（写在分数线上面的数）、自然整数和分母（写在分数线下面的数）、除0之外的自然数。所有的有理数也被认为是实数（意指它可以写成分数形式和小数形式）。你的脑子现在有没有糊涂？
- 无理数——与有理数相对。圆周率便是一个无理数，关于无理数我们会在后面的章节中详细探讨。无理数不是指没有道理的数，只不过不是有理数罢了。
- 复数——一套用字母C来表示的数字，可以用负数开平方根。复数的历史可以追溯到公元1世纪的亚历山大港的海伦[①]。将实数和虚数放在的一起的时候，复数就出现了。家中若无成年人指导，就不要碰这种数字。[②]
- 可计算数——亦称“递归数”或“可计算实数”。可计算数可以“通过有限步终止算法，计算出任何精度范围内的数字”。不过在结算记账本上的账目时，你用不着知道这些数字。
- 回文数——回文数是由左至右，或由右至左皆一样的数字。23432便是一例。回文数常常出现在趣味数学中，寻找具有某种特性的回文数是趣味数学中常见的活动。“回文素”指的是回文素数。不知为何，每一次我（拉里）听到这个名字的时候，总是不由自主地想起《星际迷航》中的“太空堡垒卡拉狄加”。
- 上超实数——将实数加上极小的数字或极大的数字得到的结果。为何要这样做？只有数学家才知道答案。

① 海伦（公元前10—公元70）,古希腊数学家、工程学家。

② 此处喻指化学反应，是作者的玩笑话。

■ 质数——质数指的是比1大的自然数，质数具有两个不同的自然数约数：1和它本身。质数的无穷大是存在的，正如公元前300年欧几里得所表现的那样。根据维基百科，前30个质数包括：2，3，5，7，11，13，17，19，23，29，31，37，41，43，47，53，59，61，67，71，73，79，83，89，97，101，103，107，109和113。质数是“数论”的一部分，数论是研究自然数的数学分支。

■ 神秘数——除了出现在人的大脑和神话中之外，实际上不存在的数字。神秘数常被认为是真实存在的，却找不到确切的来源。哈德逊研究所的马克斯·辛格于1971年创造了这个词。一个神秘数的例子是，人们常说人类只使用了10%至12%的大脑。我们大多数人都了解事情的真相——我们大脑的利用率其实还达不到这个比例！另一个神秘数是20——因为大多数祖母都会提醒孩子：一口食物在嘴里至少咀嚼二十次，再吞到肚子里，这有助于消化。

■ 不定数/虚构的数字——为了滑稽或夸张的效果而使用的“硕大无比”的数字（如zillion、jillion、gazillion、umpteen[①]）。这些词已经远远超出巨大的数字的界限，例如“几千亿”，几乎接近无穷大。这种数字基本上超出了人脑想象的范围。而我们使用这些数字的原因是，用可笑的语言来描述大得难以在纸上写下来的数字（gazillion这个数字得含有多少个0啊）。

① 这些英文单词并无实指，均用来表示大得无法形容的数字。

除了这些数外，还有一些数字不在我们讨论的范围之内，因为它们太过复杂。所有这些数字都能在许多为了解决现实问题而设置的数学领域中发挥作用。数学大致可以分为：代数，微积分，几何学，三角学。提出这些概念的目的难道是为了折磨或迷惑我们吗？也许吧，但更重要的是，它们在测量和量化我们周围的事物方面都发挥了重要的作用。我们很快就会发现，连我们自己的身体也无法摆脱这些概念的影响。尽管本书不会详细解释数学本身以及众多分支的历史（这是高中和大学应该教的知识），但事实上，“数学”确实是我们习以为常的许多事物的基础。

但为了以防万一，我们要向你介绍一些与数字相关的真正神秘的现象——富有现代气息的古代奥秘。

3:3

第三章

神圣的序列和宇宙的密码

数字是个奇妙的东西。数字可以揭露秘密、
分裂原子、揭示人类和机器的内部运转方式，
或画出极其复杂和美丽的图案。
——安妮塔·罗迪克，《数字》

建筑若能说话，绝不会只有一个声音。
——阿兰·德波顿，《幸福的建筑》

自远古以来，数字序列、数字图案和数字编号给人类带来了颇多益处。作为我们日常生活中重要的一环，数字也已经成为神秘而又奇妙的人类体验中不可或缺的一部分。

形形色色的音乐、艺术、建筑、宇宙学以及自然将数字图案和序列融入其中。表面上，这一切似乎显得杂乱无序，但若深入研究的话，你便会发现其中含有诸多共性，这些共性似乎早已存在，而不可能是随机或意外出现的。这一点在神圣几何学这个神秘莫测的世界里尤为突出，没有哪一个领域能与之相比。

神圣几何学构成了宗教建筑和宗教艺术的基础。几何学和数学的比例、和声学以及均衡关系，在光、音乐、宇宙学和自然结构中都能找到。从各自的基础来看，这些比例都具有宗教的根源。神圣几何学的比例关系体现在许多建筑结构上，例如庙宇、清真寺、史前巨石、纪念碑和教堂；也体现在宗教空间的位置和布局上，例如圣坛、圣地和圣幕①；也体现在一些集会地点上，例如圣林、乡村绿地和圣井；还体现在宗教艺术、图像学和象征符号的创造上。

另一方面，神圣几何学背后的基本前提是物体及其物理位置和尺寸大小之间存在着某种神圣的力量和联系。有人认为，如果能对这种神圣的力量进行研究和剖析，那我们对宇宙中更伟大的现实世界将产生全新的认识。当然，我们在这个概念的核心位置找到了数字——光辉而又宏大的数字。

数学家海因里希·赫兹的一句话常常被人引用："我们很难不产生这样一种感觉：这些数学公式是独立存在的，具有自己独特的智力，比我们人类更具智慧，甚至要比发现它们这件事情本身还要聪明，我们从它们身上获取的东西要比最初赋予它们的东西还要多。"对于那些围绕着神秘数字而设计出建筑、创造出艺术的人而言，这种智慧来自天上某个地方。

毕达哥拉斯

可以说，对数字的崇拜发轫于著名的希腊数学家毕达哥拉斯。毕达哥拉斯大约生于公元前572年，卒于公元前490年，他发起了一场隐

① 圣幕（tabernacle），古代犹太人穿过沙漠时装有圣约柜的活动圣堂。

修院的宗教运动，这场运动被称为“毕达哥拉斯主义”也就不足为奇了。他的派别支持数学和哲学的神秘主义。据说，被称作“数字之父”的毕达哥拉斯对许多重要学术领域都有所贡献，但鲜有学者能准确地给出确凿的证据，这或许说明他最伟大的一些观点和成就并不是他的独创！毕达哥拉斯的行为或许会是二十世纪八十年代以模仿他人而著称的“米利·瓦尼利”乐队的榜样。

不过，这位智者的追随者们（自称“毕式学派”）遵照十分严格的文化教规和行为准则生活，他们不吃肉，放弃所有的私人财产。在毕达哥拉斯的影响下，该组织的内部教众“数众”和外部教众“听众”在十分隐秘的情况下，对宗教和数学展开了研究。最终，“毕式学派”的内部教众和外部教众发生争执，一分为二，撇下毕达哥拉斯的妻子西雅娜一人管理与毕达哥拉斯老师最亲近的那些人。

除了对数学和神奇的数字的痴迷之外，毕达哥拉斯对音乐理论和和声学也十分着迷。他最有趣的一个理论涉及“球体的和声”。他相信，行星和恒星的移动类似于音符和数学公式，这些天体的移动奏出了一首“球体交响乐”。

他的许多其他信仰，例如轮回说、灵魂转世说、来生说极大地影响了同时代其他严肃的思想家。毕达哥拉斯甚至表示，生存或现实的精髓就是数字，要想了解自己的精髓，就必须要从更深的层次了解数字，研究数学。

柏拉图

毕达哥拉斯还影响了另一位著名人物——希腊古典哲学家柏拉图

（公元前428或427年—公元前348或347年）。作为苏格拉底的学生和亚里士多德的老师，柏拉图是西方文化哲学基础背后最重要的力量之一。他还在雅典创建了“学园”，“学园”被认为是西方世界第一所高等院校。柏拉图对音乐与和声学的研究表明，他受到一位名叫阿奇塔斯的第三代毕达哥拉斯主义者的影响，此人对几何学做出了巨大的贡献。

伟大的神迹

一些学者将古老而又神秘的毕达哥拉斯学派与一些更现代的神秘组织联系到一起，如“玫瑰十字会”“圣殿骑士团”和“共济会”。这些组织的丰富历史中充满了神圣几何学和神秘数学的学说。由于吸收了Mysterium Magnum（拉丁文，意为“伟大的神迹”）的理念，还常常与炼金术和神秘主义联系在一起，因此这些组织曾是（也会继续是）人们猜疑和散布谣言的对象，也是学术界争论的焦点。

“伟大的神迹”，亦称“伟大的设计”，意指世界能量之源，是所有古典元素产生的源泉。这种观念与量子物理学中的“零点场”和大名鼎鼎的预言家埃德加·凯西的“阿卡西记录”颇有几分相似。其实，神圣几何学中的一些物体的图案和比例被认为是天国的力量创造而成的，据说应该是造物主的杰作。

黄金比例

在大自然中，神圣而又充满智慧的模式的例子比比皆是，这一点不足为奇，反倒非常适合用来进行分析。许多模式甚至还存在于生物体的物理结构中！其中最令人惊讶的两个例子是黄金比例和斐波纳契螺旋。两者暗示了已经被我们完全接受的东西背后是更高层次的尺寸比例，例如我们自己的身体，或者海贝壳。

“黄金比例”，亦称“神圣比例”“黄金比”和“黄金分割率”，是一个无理数，约为1.618033988749。你也许会问，这个比例为何会比其他比例更“神圣”。答案也许只有造物主才知道，不过这个比例在自然界、科学界和人造的世界中都能找到，是平衡、对称和美学的最高级别的表现形式。其基本公式可以描述成“整体与较大部分的比例等于较大部分与较小部分的比例”。

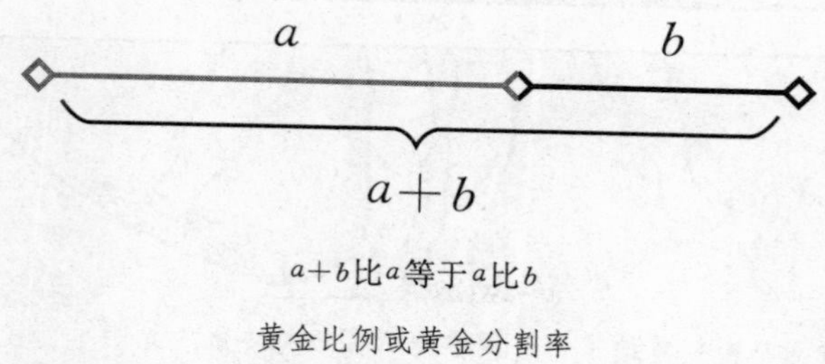

$a+b$比a等于a比b

黄金比例或黄金分割率

这个比例被表示为“phi”，出现在许多神圣的图符中，例如吉萨金字塔的尺寸、五角星的结构、五角星形（对柏拉图和毕达哥拉斯的追随者而言，这是个神圣的图形），乃至作为雅典卫城的希腊的轮廓（形如“黄金矩形”）。最著名的是出现在列奥纳多·达·芬奇创作的《维特鲁威人》中，黄金比例出现在该素描的人体结构中，展开的双臂和双腿显示黄金比例在发挥作用。

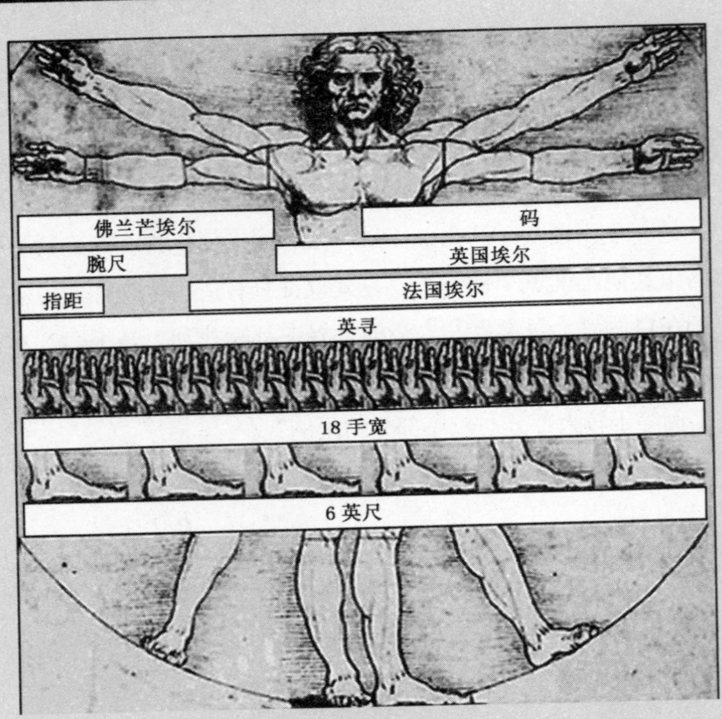

该图是由列奥纳多·达·芬奇的《维特鲁威人》派生而成的图画，呈现出历史上出现的九种测量单位：码、指距①、腕尺②、佛兰芒埃尔、英国埃尔、法国埃尔③、英寻、手宽和英尺。《维特鲁威人》是按照人体比例创作完成的，因此图中的单位按照它们相应的历史比例展示出来。（图片来源：维基百科全书）

根据达·芬奇的笔记，图中这位男性身上就存在以下比率：

① 指距（span），手掌张开时拇指尖和中（或小）指尖的距离，约为9英寸或23厘米。

② 腕尺（cubit），旧时的量度，自肘至中指端，长约18至22英寸。

③ 埃尔（ell），旧时量布的单位，各国的标准有所不同。

- 4指为1掌。
- 4掌为1足（即12英寸）。
- 6掌为1腕尺。
- 人的高度应为4腕尺（即24掌）。
- 4腕尺为1步的距离。
- 人伸开的手臂的宽度等于他的身高。
- 发际线到下巴底端的长度为身高的1/10。
- 头顶到下巴底端的长度为身高的1/8。
- 双肩的最长宽度为身高的1/4。
- 肘部到手指尖的长度为身高的1/5。
- 肘部到腋窝的长度为身高的1/8。
- 手的长度为身高的1/10。
- 下巴底端到鼻子的长度为头部长度的1/3。
- 发际线到眉毛的长度为脸部长度的1/3。

（资料来源：维基百科）

达·芬奇的作品

《维特鲁威人》画的是古罗马建筑家维特鲁威，据传此人的《建筑十书》启发了达·芬奇在科学和艺术探索过程中使用黄金比例。这幅素描大约于公元1487年被发现，是达·芬奇多部日记中的一页，他的日记里充满了富有智慧和哲学思考的笔记和素描。达·芬奇显然倾心于黄金比例，这在他著名的画作《最后的晚餐》中也有所体现。这幅画的整体构图含有三个垂直的黄金矩形，基督的形象含有一个十边形（一种黄金比例形状）。

著名壁画《最后的晚餐》呈现出黄金比例

《最后的晚餐》是一幅15世纪的壁画，是达·芬奇为他的资助人卢多维科·斯福尔扎公爵和比阿特丽斯·埃斯特公爵夫人创作的。此画的尺寸为460厘米乘880厘米（即15英尺乘29英尺），被发现于意大利米兰的圣玛丽亚修道院的餐厅后堂里。除了黄金矩形和十边形之外，该画也多处涉及数字3，例如耶稣的十二门徒的分组、耶稣身后的窗户数和耶稣自己的三角形般的形象，这一切很可能代表了“三位一体”的理念。

达·芬奇在描绘《蒙娜丽莎》的脸部的时候也利用了黄金矩形，使她具备了今日女性梦寐以求、不惜重金进行整形的面容（也许这就是她得意之笑的原因）。经过测量，她前额的宽度与头部顶端到下巴的长度之比完全符合黄金比例。

印象派画家乔治·修拉独创了“点彩画法”，他常常在作品中运用黄金分割率，他与达·芬奇一样相信，这个神圣的比率具有一种独特的美学价值和美感，肉眼只要看到它就会受到吸引。其他的几何比率尽管不一定是专门为了美学价值而创造的，但也能在凯尔特艺术和印度艺术中，以及“拉比林特斯迷宫图”（欧拉回路，与迷宫相似）[①]和曼陀罗[②]中找到印证，这些图案的对称和尺寸旨在为观察者和被观察的物体之间创造一种心灵的共鸣。“怪圈观者”（即研究麦田怪圈现象的人）之所以能获得极大的快乐，有人表示是因为麦田怪圈包含了类似的几何比例。尽管麦田怪圈仍是饱受关注的话题，但那些圆圈的价值和象征意义仍然令我们无法理解。也许我们只能在潜意识里才能看懂那些怪圈。

斐波纳契

最重要、最广为人知的一个黄金比例是由一位意大利人发现的。比萨人列奥纳多生于公元1170年，取过多个名字，如列奥纳多·比萨诺、列奥纳多·波纳契、列奥纳多·斐波纳契，最终仅剩下一个名字——“斐波纳契”。他的名字来自“波纳契的儿子”，这个绰号最初是用来称呼他父亲的。不管他姓甚名谁，斐波纳契创造出了以他的名字命名的数字序列，而且也为印度—阿拉伯数字体系传入欧洲做出了贡献。

在他13世纪的著作《算盘书》中，这位才华横溢、富有创造力的数学家借鉴了他在东非旅游期间收集的中东国家数学体系方面的知

① 英语中两个单词均表示“迷宫”：Labyrinth和maze。通常两者无区分，也有人说前者只有一条通路，后者有多条路可走，但出口都只有一个。欧拉回路是指图中任一点只经过一次而不再有重复。

① 曼陀罗（mandala），佛教语，某些东方宗教中代表宇宙的圆形图案。

斐波纳契，该数列背后的男人

识。利用这些知识，他对先前已经发现的一个数列做了进一步研究（印度数学家们早在公元6世纪就已经开始使用这个数列），而这个数列现在被称作“斐波纳契数列”。你若读过《达·芬奇密码》这部小说，或看过同名电影，就应该知道这个序列的意义及其被赋予的重要性。你若对此一无所知，那我来告诉你，斐波纳契数列是这样一系列数字——从0和1开始，每一个数字都是前两个数字之和：

0，1，1，2，3，5，8，13，21，34，55，89，144……

在《算盘书》中，斐波纳契以该数列为例说明兔子的繁殖增长比率，用数字来说明一代又一代兔子的增加趋势。除兔子之外，这个数列同样也能在大自然的内在结构模式中找到，即数列中的数字越大，连续两个数字相除就越接近黄金分割率1比1.618。在自然界中，我们看到斐波纳契数列在许多方面都在发挥作用，例如植物的分枝率。在植物群的不同的物种里，不仅枝条层次遵循这个数列规律，而且叶子之间的间隔也与该数列完全相符！遵循这一模式的花卉包括毛茛属植物、飞燕草、向日葵、紫菀和百合。

要了解“花卉排序”方面更多的例子，可以登录综合网站http://library/thinkquest.org。一个典型的例子是西番莲：这种花的背面有三个“萼片”（即花的非花瓣部分），萼片能保护花蕾，构成花的最外层。这一层萼片上面紧跟着五片绿色的外层花瓣。里面还有一层花瓣，由五片浅绿色的花瓣组成。花中央有五根浅绿色的T形雄蕊，再往上是穿插的三个深褐色的心皮。

黄金比例（或黄金分割率）在大自然中的例子还包括闪电的分叉、树木为了暴露在阳光下而伸展的枝杈、河水的分流，甚至还包括鸟类、飞虫的躯体和翼展的比例。雪花和水晶也清楚无误地显示出几何结构图案，就如同我们的DNA中已经编码的“语言”一样。

在自然界中，斐波纳契数列的影响可以说比比皆是。鹦鹉螺（Nautilus pompilius）是一种海洋生物，属于头足类动物。这种生物的生长速率与斐波纳契数列完全吻合。从某种程度上说，这种生物还有幸带来了对另一个斐波纳契排列方式的命名——即斐波纳契螺旋。这种螺旋结构使得贝壳类生物能够以对数螺旋线的模式生长，生长的过程中却无需改变实际形状。蜜蜂也建造了六角形的小隔室来储存它们采集的花蜜，许多科学家因此表示，这些斐波纳契模式也许就是自然科学原理合情合理的结果，而不是像许多宗教几何学家所宣称的那样，是神秘的“众神的标志”。

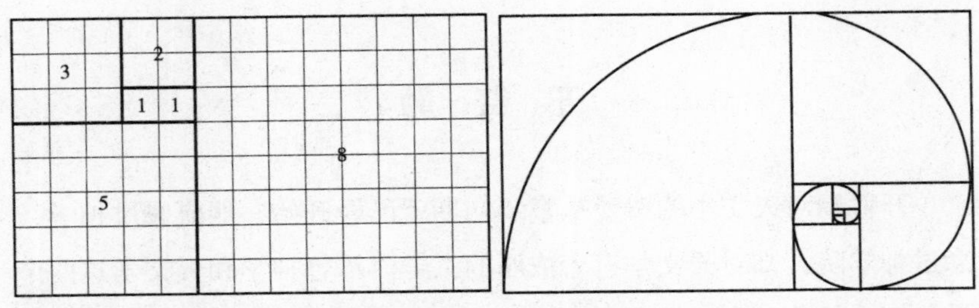

斐波纳契螺旋和该螺旋的方块形式。（图片来源：维基百科）

其他数列

根据毕达哥拉斯的观点，这种数列或表达各种比例的数字，要比我们在日常生活中常用的简单的单数单位更为重要。毕达哥拉斯认为，这些神秘的数列证明了我们体验的现实世界之下还潜藏着另一层现实，数字以及数字间的联系是这一层现实世界的动力。

即使扩展到大宇宙的层面，似乎还是有足够的证据可以证明有神圣的模式在发挥作用。宇宙中存有一种几何现实，这个观点已经毫无新意，但在当今的科学和宇宙学中还有一席之地。众所周知，德国天文学家和数学家约翰内斯·开普勒将神学与几何学揉成一体，使得一种新的世界观广为流传。以行星运动定律而广为人知的开普勒曾是才华横溢的天文学家第谷·布拉赫的助手，开普勒常常将他的天文学和占星学的知识结合起来，将宗教和哲学等元素融入他的研究中。在布拉赫生活的时代，他的观点备受世人的鄙夷和诟病，但这并没有削减他研究的激情。他坚信，天神为宇宙创造了一个绝妙的计划，人们可以借助理智了解这个计划。他将这个理论命名为“天体物理学”，该理论也许可以作为亚里士多德的《形而上学》和《论天》的补充性参考。

开 普 勒

开普勒对天文学的挚爱从童年初期就已经开始，他研修过神学，念过神学院，却对天文学有着浓厚的兴趣。尽管神学和天文学这两个学科似乎彼此对立，但令人惊讶的是，两者之间却有诸多相似点。开普勒十分擅长占星学，他常被同学请去为人算命。也许是因为他理解并融合了神学和天文学原理的知识，开普勒后来撰写了一篇有关神圣的宇宙几何现实的论文。这个理论后来被称为“开普勒柏拉图立体模型”。基本的框架建立之后，他的这种世界观以分段模型呈现出来，按照他的“伟大的宇宙之谜”（或称“宇宙的奥秘”）展现出宇宙的不同层次。这个观点充分地反映出他着迷于哥白尼体系以及物质和精神领域相通的潜在可能。他对这些想法笃信不疑，甚至还于1621年发表了一篇更为详细的后续文章，进一步解释了他最初的观点。

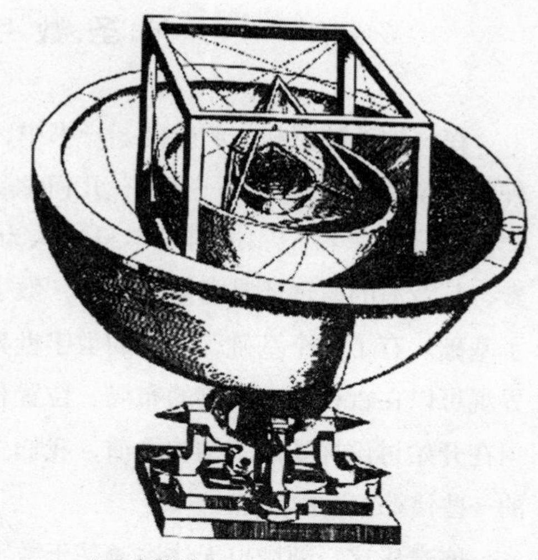

“开普勒模型”代表了一种世界观，世界的各个部分以拼图或其他形式组合在一起，构成整个现实世界。（图片来源：维基百科）

开普勒的信仰附和了那些相信现实的本质是由几何学架构而成的世界观，这个观念在当时甚为流行。这种世界观将当时涉及空间、物质和时间的最佳科学手段的各种复杂因素与宗教象征（甚至玄学理念）结合在一起。根据该观点，所有存在的事物天衣无缝地组成了一幅巨大的宇宙拼图，拼图的创造者就是造物主。造物主无所不能，他的法则在更高的层次上起作用，却通过最简单的事物展现出来，譬如说花瓣。

神圣数字

在《神圣数字和文明起源》一书中，作者理查德·希斯表示，四种与数学相关的艺术——算术、几何学、和声学和天文学——构成了“四门高级学科”。这四门学科被认为是建造巨石纪念碑的基本元素，其背后的原理还是那句老话：“数字领域为所有的数字科学奠定了基础。有了这个基础，完整的数字世界观才有可能产生——这种世界观可以在古代历史遗迹的布局、位置和结构上得以全面的展示。”但在开始讨论神圣建筑结构之前，我们先要了解一下区分神圣与世俗的一些错综复杂的因素。

连音乐这一领域也无法逃避基于数字的、错综复杂的种种模式。究其本源，和声学无非是一些能够创造出共鸣的声音、音符以及和弦的简单的数学序列，是毕达哥拉斯发现了几何学、数学和音乐之间的关系。他通过实验发现，拨动琴弦的特定位置，乐器能够发出特定音符或八度音阶，而琴弦不同的比例会生出不同的音程，正如他笃信的那样，音程具有某种抚慰人心的效果。毕达哥拉斯的追随者相信和声能够带来身体和心灵的和谐。物理学家汉斯·詹尼虽然对音乐抚慰人心的力量有些怀疑，但他坚信“几何图形”与“波的交互作用”之间存在关联。詹妮在该领域的研究推动了“物质波动学”的发展，他为此详细阐述了毕达哥拉斯和古埃及人所留下的古老的知识。

在《古埃及的精神技术》一书中，著名作家和学者爱德华·麦考斯基认真探讨了毕达哥拉斯的数字科学如何发展到展示出数字与亚里士多德所谓的“一切事物的基本原则”之间的关系。麦考斯基最终得出一个结论：“毕达哥拉斯的数字科学的核心是，相信所有事物的关系都可以简化成数字之间的联系，所有的事物实际上都是数字。”这种数字科学是通过音乐科学或音乐艺术发现的。和声是另一个充满神秘暗示的概念，它与共鸣、振动之间有着紧密的关联。这一业已建立的关联恰恰被认为是当前可以感知的世界的基础，这个世界的背后都是数字。似乎我们就是无法逃脱数字的“魔掌”！

音乐中的数字

除了综合的历史研究之外，麦考斯基也深入探究过数字的哲学，二十世纪法国哲学家R.A.斯卡沃勒尔·德·鲁比兹对此也有研究。德鲁比兹的早期著作《数字研究》于1917年出版，该书不仅将数字当作表达符号进行研究，而且还将数字视为“表达宇宙进化论”的最纯洁的方式。斯卡沃勒尔认为，数量是至关重要的，但只有当数量和质量相等的时候，才能实现真正的和声。这种自我平衡的状态能产生可觉察的或真实的现象。连意识都可以被描述成“数量和绝对状态相联系的结果，因为我们只有与数量联系在一起，才能想象出绝对性”。

斯卡沃勒尔也相信，世界上存在着两个宇宙。一个是绝对的大宇宙，另一个是和声的小宇宙。他也将此描述成“质量分裂，然后组合成数量”，而麦考斯基在这种世界观和物理学之间进行了如下的联系：“宇宙中有直观世界和量子世界——两个截然不同的世界同时存在着。”斯卡沃勒尔的观点显然走在了时代的前端，麦考斯基将他在数字方面的哲学专著归纳为以下几点（显然体现了毕达哥拉斯的“万物皆数字”的思想）：

■ 数字1（The Monad）——绝对真理的概念，万物的统一，不变的“全部”，其他数字之母。亦称：混沌世界、中心线、塔楼、冥河、阿特拉斯[①]和朱庇特的王位。

■ 数字2（The Duad）——二元性和极性，所有自然现象的基础层面（更不必说是西方宗教在善与恶、光明与黑暗的信仰方面的基础）。

■ 数字3(The Triad)——人类的第一个奇数，数字1和2的神圣组合（想想基督教的“三位一体”），3的功能就是在1和2之间产生平衡。

■ 数字4(The Tetrad)——“原始数字”，是第一个为前面三个整数相加而准备的数字，因为万物的基础皆在1、2、3、4相加之和10之中。上帝的数字。四大元素。四个方向。

■ 数字5(The Pentad)——第一个偶数2和奇数3的结合。象征“以太”的第五种元素，也象征着五角星形或五角星。五角星形被认为是非常神圣的符号。这个数字同样也象征着宇宙。

■ 数字6(The Hexad)——物质构成宇宙、空间和时间的形态。六大延伸的方向（上、下、左、右、前和后），两性的结合，例如大卫之星[②]（即犹太教的六芒星）或所罗门国王的封印中交错的三角形。男性和女性，物质和精神。

■ 数字7(The Heptad)——人类的神秘本性。人类的三重本性（身体、心智和精神）和四种物质元素的联合。同样也是四种“凡世”的原则与基督教“三位一体”的更高层次原则的

① 阿特拉斯（Atlas），希腊神话中的巨人，普罗米修斯的兄弟，因反抗宙斯失败而被罚以双肩掮天。

② 两个三角形以相反方向交叠，形成六角形，是犹太教和犹太文化的标志。以色列建国后将大卫之星放在了以色列国旗上。

结合。

- 数字8（The Ogdoad）——复活和自我复制。一个新的统一体，因为8可以分成两个4，4又可以分成两个2，然后再分成两个1。
- 数字9（The Ennead）——奇数3的平方。精神和心智的成就，所有数字的限制，因为所有存在的其他数字来自于第一个数字9，但9能创造出无数个新的数字。
- 数字10（The Decad）——包含所有算术比例和和声比例。令所有其他数字变得完美的数字。万物的本质存在于10这个数字中，它是永恒本质的根源。

这10个数字构成了毕达哥拉斯学派的哲学基础，体现在“圣十结构”上，即10个点排成4排，麦考斯基认为：“3个较高的数字代表无形的玄学世界，较低的7个数字则指代物理现象。”这个结构的最下面一排含有“土、水、风、火”四大元素；中间一排是月亮、太阳和硫火三大原则；最上面两排圆点连在一起是个三角形，它们分别是月亮和太阳的两个种子，以及最顶端石头的果实。每一层都代表了一种不同的体验或现实，“从更加集体的体验渐次变成更加个人的体验。”“圣十结构”最顶端的水果，或称石头，代表着自我（拉丁文为Unus Mundus），是宇宙的全部，即世界灵魂。

毕达哥拉斯的宇宙观含有两个世界：至高无上的世界和级别较低的次级形式世界，较低的世界作为现实的基础具有三种层次，类似于“三位一体”。但是，“数量”只有在次级世界里才能存在和被人衡量，这就是我们生活的世界。在这个世界里，神秘的几何学旨在弥合较低和较高世界的差距，同样拉近个人灵魂与世界灵魂之间的距离。

在《天堂的维度：神秘几何学、古代科学和地球上的天道》一书中，科学家约翰·米歇尔探讨了音乐和比例在弥合这种差距上所发挥的作用，还讨论了音乐对柏拉图和毕达哥拉斯两人的理论的影响。他首先从柏拉图的教育理论着手分析，他相信："孩子应该尽早感受到身边任何事物的和声比例的影响，这样才能带着一种比例意识成长，具备辨别美好的事物和徒有其表的事物之间的差别的能力。"

米歇尔还表示，音程可以通过数字间的比例表达出来，由此产生某种"数字标准"，即世界灵魂背后的组合方式。通过这种标准，音阶随之产生。"通过将'噪音'看作是非标准音乐而加以禁止，"米歇尔继续写道，"柏拉图和他的祖先意在使人们的灵魂免于其他力量的破坏，使灵魂能够在有益于其自然发展的声音中获得滋养，从而培养出懂得欣赏和维护模仿宇宙而建立的社会之公民。"尽管这对社会公民而言是一种离谱的要求，但柏拉图学派信徒们却相信，他们有义务创造出具有神圣比例的和声，从而成为更优秀的人，创造出更美好的宇宙。设想一下，今天的国家领袖如果要求我们的年轻人这样去做的话，会有何种后果。一些现代音乐形式，例如说唱乐、庞克摇滚乐和激流金属乐，会是"对宇宙的模仿"吗？

正如米歇尔所言，柏拉图深信，要想发现宇宙的秘密，不是抬眼望天空，而应该细察"数字的精确比例"。除了这种比例所产生的和声之外，只有通过数字分析才能真正理解这种比例。在这一点上，米歇尔的著作探讨得比本书还要深刻一些。基本上，在被认为具有积极或神圣本质的和声、和弦和音阶的背后，存在许多数字和数列，这些数字结合在一起构成了音符和二分音符、音程和八度音程、四度音程和五度音程，以及介于两者之间的所有音程。

和声比例是三种被认可的比例之一（另外两种是算术比例和几何比例），毕达哥拉斯学派信徒们深得其中的精髓。他们在这方面的知识是神圣科学的延续，这种神圣科学开始于更古老的文明。米歇尔认为，《蒂迈欧篇》被认定是最早讲述这三种比例类型的著作，是毕达哥拉斯学派的音乐理论的一部分，“在这种理论中，柏拉图描述了现实宇宙的数字创造论，以及维系并赋予其生命的灵魂。”

柏拉图相信，世界灵魂是从一系列八度音程中创造出来的。而且，他认为有一个具体的数字代码是所有自然和哲学现实的根源（我们会在后面的章节中进行详细的讨论）。具有讽刺意味的是，历史上，学者们在“这个数字代码是什么”的问题上一直无法达成一致。米歇尔等人认为，从1至12这一系列数字是天地万物的基础。但这些数字后来却被当作度量单位来使用，而演奏管弦乐器的音乐家能将这些数字演奏出来。任何一个学过现代音乐理论或懂得欣赏音乐的人都知道，精确性和尺寸大小在乐器发出的声音的本质和音色方面发挥着重要的作用。连人的耳朵都能分辨出可怕的刺耳声和动听的和音。从现代“音乐”的一些例子来看，可以说今天的年轻人已经丧失了这种能力！

根据希斯的著作《神圣数字和文明起源》，音乐和声含有从1到6的最基本的数字，“音乐比例是无法再分的元素，其中的共同因素并没有被剥离出去。”他的书描述了数字1到12所创造的和声比例和八度音程，为什么这些特别的组合和比例能够形成音乐结构的基础（这种音乐结构类似于构成地球、恒星和行星的共振）。这些比例甚至还能控制和影响我们人类依照世界的共振而进行的振动。

要想对各种不同的比例以及和声学真正有所了解，我们强烈推荐你不妨读一读希斯的著作。在书中，他细致入微地探讨了许多细节，这里我们就不一一提及了。希斯特别关注某些质数的重要性。“在数字领域的发展过程中，一个非常重要的原则也随之产生，那就是和声。正如上文所述，质数2、3、5带来了和声原则。这意味着，所有更大的质数注定要占据和声领域所留下的空白。”连质数7和11都在世界的形成方面发挥了至关重要的作用，因为正如希斯指出的那样，地球的平均半径和子午线之间的比率是22比7，或者说是11比7的两倍，使得这两个数字在古代文明的精神中占据了特殊的位置，将音乐和声与行星和恒星的和声联系在一起。

度量衡学

上述理论为度量衡学这个科学领域打下了基础，希斯将度量衡学描述成“具有类似的结构，旨在找到一些能够保持已有的或隐藏的圆圈其不同维度间简单关系的单位”。古人通过建造和研究这种世界观下的纪念碑和庙宇来传播知识——例如巨石阵和巨石阵圆形的布局，希斯将这种方式也归因于上述的简单性。他称之为数字与和声的结合，古人显然知道并利用了这一点，“度量衡学的利用”以及该领域的影响可以清楚地从古代的建筑上看出来。

关于和声学对地球的物理形状所产生的重要作用，希斯、米歇尔和另一位度量衡学领域的专家约翰·尼尔都得出了类似的结论。尼尔和米歇尔发现了“格常数”，如希斯所言，格常数揭示了“从和声的角度来看，地球的形状与头25个数字的和声产物相关，而且只利用了小于12的那些质数”。米歇尔和尼尔的格常数在古代衡量单位的变体（类似于古代使用的圆周率）与1到25这一系列数字（其中2、3、5、7和11是“和声生成”的质数）末尾的系数之间找到某种关联。

度量衡学也许肇始于英尺以及英尺在古代的许多变体，所有这些单位都与我们星球的大小和形状有关。但是，如希斯所言，古人是在一个“业已建立的计划或秩序”中对事物进行测量。而今天，我们测量的是事物在现实中的真实情况。你看到的才是你真正得到的。这也许能说明为什么神圣几何学被认为是过去的“科学”，但时至今日它仍然带有巨大的神秘性和吸引力，我们现在对现实的理解完全是基于我们体验到的眼前的事物，而非建立在对更深层或死后的未知世界的理解之上。

构成神圣几何学基础的世界观基本上可以追溯到《道德经》的作者老子提出的观点，甚至还可以追溯到柏拉图的导师苏格拉底的观点。两人都认为，世间万物的生成可以分成三个部分（这也是天主教的“三位一体”的基础，我们将在后面的章节中讨论）：创造世界是第一部分；整体分解是第二部分；最后，整体和部分的相互联系是第三部分。基于此，所有其他数字和数域随之产生。没有什么能比道

教的阴阳符号更清楚的了，这个符号表现为一个完整的圆圈，分成黑白两个部分，其中的两个小圆颜色相反，但互为关联。

人类显然相信万物的基础结构皆具神圣性，这种信仰在建筑物身上表现得尤为明显。在含有神圣几何学的所有元素中，建筑——不管是原始的史前巨石，还是细节精确而又复杂的小教堂——使人类能够在地球上最为彻底地模仿上天的神圣模式。即使今天，这些神圣的建筑物还能给观者留下深刻而持久的印象。

在记录苏格拉底与其学生柏拉图最后对话的经典著作《斐利布斯篇》中，苏格拉底探讨了美和形式的联系：

> 我所谓的“形式美”不是指动物或画作的那种美，许多人误解了。我的意思是直线和圆圈，以及通过旋床、直尺和角度测量工具所创造的平面图形或立体图形，对于这些图形，我认为它们不仅像其他东西一样具有相对的美，而且这种美是永恒而绝对的。这种美能给人带来特别的快感，与挠痒痒的快乐极为不同。

对话的中心议题涉及快乐和理解之间的相对价值，同样也是为了创立一个模型，用于思考建造的各种结构有多么复杂。这个观点被称作“哲学心理学”，也构成了我们今天研究神圣几何学的基础。

柏拉图立体

你也许希望与柏拉图就形式和美再次展开讨论。下面五种完美的三维立体形状后来被称为“柏拉图立体”：

四面体——4个面，4个顶点，6条边

六面体（即立方体）——6个面，8个顶点，12条边

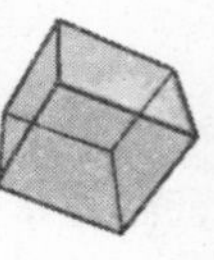

八面体——8个面，6个顶点，12条边

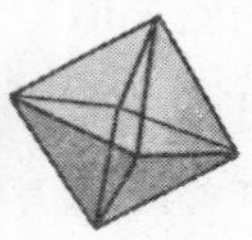

十二面体——12个面，20个顶点，30条边

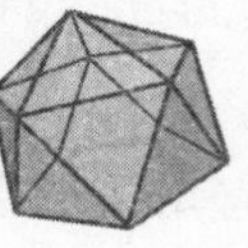

二十面体——20个面，12个顶点，30条边

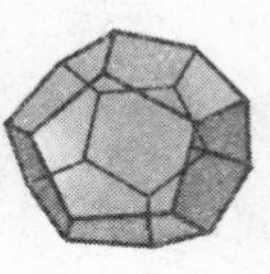

柏拉图立体是凸正多面体，其名字源自多面体的平面总数。柏拉图立体的美在于它们的对称和角度。正是由于这个原因，这些多面体长期以来被认为具有神圣的特性。尽管一些学者认为，八面体和二十面体也许是为柏拉图同时代的泰阿泰德所发现的，此人或许也证明了没有其他凸正多面体，但事实上是柏拉图将四个多面体与四种古典元素联系在了一起：土（六面体）、水（二十面体）、风（八面体）、火（四面体）。

成为柏拉图立体，凸多面体必须满足以下三个条件：

一、所有的平面都是全等的凸正多边形。

二、所有的平面只能在边沿交叉。

三、每个顶点都有同等数量的平面相交。

二十世纪八十年代中期，芝加哥大学教授罗伯特·J.穆恩成功地证明，涵盖了整个物质世界的元素周期表是以五个柏拉图立体为基础的。穆恩也受到约翰尼斯·开普勒在《伟大的宇宙之谜》中所述有关太阳系的观点之启发，提出了原子核的几何排序。

有趣的是，开普勒本人曾试图将这五个柏拉图立体运用于当时除地球以外已知的五大行星上——水星、金星、火星、木星和土星——但却行不通。他试图用模型展示出太阳系的构成，他的太阳系模型在本章前面已经用图片展示过——最里面一层是八面体，接着是二十面体，然后是十二面体，然后是四面体，最外面一层是六面体，或称立方体。但最终的结果是他受到启发，发现了“开普勒立体”，而且也因此明白行星的轨道并非圆形。这些尝试都为他著名的“行星运动定律”奠定了基础，也是“失败是成功之母”的经典案例！

比例协调、柏拉图立体和神圣常数这三个因素十分明显地体现在下面这些地方的建筑上：古埃及、印度、古中美洲、复活岛，甚至还有英格兰和威尔士的农村地区。漫步于这些地方的神殿、金字塔、巨石和纪念碑之间，人们常常会用“神秘”和“神奇”这两个词来描述这些建筑。这些神秘建筑的设计者是在观照天时和地利之后，再进行选址，决定与何物对齐，以及最终的用途。没有一处遗迹不是为了某种用途而建造的，不管它的用途是为了更好地理解我们在宇宙中的位置，还是创造出一种新型能源和意识水平，恰如所揭示的吉萨大金字塔的真正用途那样。

神圣的建筑

其他神圣的场所是为了给人敬拜神灵，但即使是这些场所也都被安置在具有神性的地点。神圣建筑的历史与宗教建筑、宗教象征和装饰图案的历史相似。一些建筑是宏大的公共场所，还有一些建筑则是小巧的私人场所，旨在供个人进行沉思冥想。建筑师诺摩尔·L.昆斯认为，神圣的建筑是用来“使物质与心智、肉体与精神的界限变得透明”，这种意图在整个古代世界十分明显。在富有启迪性的《幸福的建筑》一书中，阿兰·德波顿认为：“相信建筑具有重要意义的前提是，我们要清楚自己在不同的地方会成为不同的人，并且要深信建筑的一个任务就是清晰地显现我们理想中的样子。”

人类也许与众神是平等的（或至少能够获取他们的智慧和指引），这个观点尽管似乎是在亵渎神明，但却是神圣几何学的结构基础。

不足为奇的是，有数十本著作是关于吉萨大金字塔的历史、金字塔的建造方式乃至其用途。一些富有创造力的理论似乎增加了这些猜测的可信性。事实上，“金字塔迷”[①]这个略带贬义的词汇常用来描述反对固定模式的人。

尽管这个领域非常有趣，但可惜的是，我们没有时间和版面对此进行详细的讨论（请参看本书末尾的参考书目，其中有我们推荐的对该主题有过深入探讨的著作）。不过，我们要探讨的是这种神秘而非

① 金字塔迷（pyramidiot）指那些对金字塔来源着迷的人，他们通常认为金字塔为外星人所建。

凡的神圣建筑中使用的数字和数列，这表示数字本身就可能含有金字塔背后的目的和意义。正如约翰·米歇尔在《金字塔的维度》一书中所写的："金字塔绝对不只是数学模型，而是宇宙神殿的典范，其传统作用是获取上层元素和下层元素的融合。"

为了让你对金字塔有更深入的了解，下面给出了几个金字塔包含神秘数字的例子：

- 地球赤道直径与地球和月球并排后两球心间的距离之比为11比7，恰好等于吉萨大金字塔底边长度与高度的比率（希斯）。
- 按英尺计算的话，金字塔的高度与底边长度相乘，是吉萨大金字塔在北纬30度上经过的长度（尼尔）。
- 约柜[①]的立方容量（71282立方英寸）与"国王室"中被称为"基奥普斯法老的石棺"的石器的立方容量（71290立方英寸）有着惊人的相似，这使得一些研究者认为"约柜"曾经装在这个石棺里。
- 金字塔的建造者们显然知道勾股定律，知道直角三角形的三个边是3比4比5的关系，他们还了解圆周率的原理（麦考斯基）。
- 建造金字塔的精确性和准确性促使工程专家克里斯托弗·邓恩在对金字塔仔细研究了二十年后，他在1998年出版的著作《吉萨发电站》中宣称："大金字塔是史上建造的规模最大、尺寸最精确的建筑。"

① 约柜（Ark of the Covenant），藏于古犹太圣殿至圣所内、刻有十诫的两块石板。

- 金字塔侧面斜坡与高度的比率是10比9，因此，沿金字塔斜坡每前进10英尺，垂直高度就增加9英尺。将金字塔的高度乘以10的9次方，结果是91840000英里——恰好是地球与太阳之间的距离。
- “金字塔英寸”（pyramid inch）比现在的英寸长0.001英寸。1腕尺为24金字塔英寸，金字塔的方体基座的长度是365.24腕尺。一日历年也含有365.24天。

根据著作《禁史》中《论大金字塔内的先进技术》一文的作者马歇尔·帕因的观点，金字塔的建造者很可能参照了星相学和天文学，才得以建造出尺寸如此精确的建筑。帕因认为，即使是细小的偏差也不能掉以轻心，因为出现偏差意味着金字塔高度（英尺）的某些度量数据就会出现些微差异，若用方程式进行计算的话，这些数据与地球的“极半径”极为相似，即金字塔底部周长等于赤道经度的二分之一。结果证明，现实只与设想的情况相差27英里，也就是说古埃及的金字塔建造者们的准确度达到了99.3%。即使如今出现了全球定位系统（GPS），这种偏差也是可以忽视的，考虑到当时的情况这简直是不可思议!

帕因还强调了数字43200的重要性，神话学家和学者约瑟夫·坎贝尔将这个数字的历史追溯到许多古代文化中的原始神话，甚至还追溯到新石器时代。你若知道下面这个事实，就会觉得这个数字更加不同寻常：胡夫金字塔的比例是2×60×360，相乘的结果等于43200。

除了金字塔精确得令人吃惊的数据之外，我们还不能忽视这些实际尺寸背后的意义，因为这一切最终表示了地球与宇宙、人类与天神、物质与精神之间的关系。谁在乎金字塔底部的尺寸到底是多少。只有当我们看到形式与更高层次的原则之间的关系时，我们才会真正理解这些尺寸背后的数字的复杂性。

大金字塔绝不是上帝与天国之间唯一的神圣入口。连卢克索神庙也涉及了神圣几何比例。我们这里要再次提及R.A.斯卡沃勒尔·德·鲁比兹，他将一个人类骷髅图叠加在这座神庙的图上，来显示神圣几何比例是如何发挥作用的。正如他在影响深远的《人类的神庙》一书中描述的那样，斯卡沃勒尔认为卢克索神庙的建造过程中广泛地利用了黄金分割率。他坚信，这座神庙的建造目的是在其建筑符号中容纳和编码一种知识体系。

十八世纪的瑞士科学家、哲学家、基督教神秘主义者和神学家伊曼纽尔·斯韦登伯格也提出过这种“对应科学”。古人深得“对应科学”的精髓，不过时至今日它已经被认为是一门失传的艺术和科学。斯韦登伯格相信，“大多数古人都是仙人，如天使一般从‘对应’本身思考问题。”他在《天堂和地狱》一书中从多个方面探讨了自然世界和精神世界之间的对应和关联。

有一个类似的地方也能令人产生超凡飘逸的感觉，那就是“埃夫伯里巨石阵”。大家应该都听说过位于英格兰威尔特郡的巨石阵，阵中几块巨石呈环形排列，石阵建造的时间跨度达到3000年（竖立的巨石于公元前2000年建成，土堤和沟渠的历史则可追溯到约公元前3100年），据推测，该巨石阵将天文学和宇宙学的知识以密码的形式编入了其布局和用途中。

有一点也许你会感兴趣：巨石阵其实不是英国最大，甚至是最重要的历史遗迹。巨石阵正北方有英国最大的石柱遗迹：埃夫伯里石阵。有趣的是，埃夫伯里石阵是建在所谓的“米迦勒线”上。米迦勒线是一条无形的地理概念的线，将为圣米迦勒[1]（后面还将对他进行详细介绍）而建的一些圣地连在一起。维基百科上称，巨石遗迹在传统上被定义为“里面有沟渠、表面倾斜的圆形围场”，而长期以来，考古学家将它们视作神圣土方工程的经典建筑。尽管石阵外围的沟壑之内建有土堤，但巨石阵还是因其“竖立的石圈”形式而被归类为上述这类神圣的历史遗迹。

埃夫伯里石阵与巨石阵以及其他主要神圣遗迹在地面上形成了一个三角形，按照约翰·米歇尔的观点，这使人想到“地球三大主要半径”的地面模型。其单位是1728英尺，相当于72罗马英尺，是邻近的西尔伯里山半径的四分之一，西尔伯里山是整个地形三角形的另一个点。米歇尔也将巨石阵的平面图比作曾在圣约翰的启示录中描述过的新耶路撒冷城的平面图，同时也比作格拉斯顿伯里那神秘的12海德（土地丈量尺寸），因为这是能够养活一个农民家庭的面积，相当于1440英亩土地。如果将巨石阵图置于新耶路撒冷城的示意图上面（圣约翰曾有过这种预想），那么巨石阵可以看作是边长为7920英尺的正方形，加上内部周长约为14400腕尺的圆形。米歇尔表示这个尺寸的比例是1比100。他认为：“外面的圆形与正方形的周长相等，即316.8英尺。巨石阵因此是建立在神圣几何学的经典图像上，带有正方形的圆形代表了对立面的协调，这是世界各处神殿的共同特点。”

位于格拉斯顿伯里的圣玛丽教堂也具有类似的尺寸，正方形的周长是316.8英尺，圆形的直径是79.2英尺。米歇尔的著作中也表示该内圆象征了直径为7920英里的地球，外圆和正方形的周长则是31680英

---

① 圣米迦勒（St. Michael），基督教《圣教》中的天使长之一，曾率领他的天使与魔鬼撒旦战斗。

里。这些数字在“天国的模式”中占据着特殊而又神圣的位置，我们会在后面进行详细阐述。

在米歇尔看来，圣约翰的启示录中提到的新耶路撒冷这座古代的“天国之城”是对所有其他神圣建筑进行测量、评判乃至模仿时都应该参照的“永恒标准”。“在所有地区的象征符号中，代表着这座天国之城或天堂的地图的几何建造物都具有核心的位置，”米歇尔写道，“它以曼陀罗的形式出现在神圣艺术中，即圆形、正方形和多边形以同心形式进行排列，从本质上描述整个宇宙。”这些神圣的场所被认为是在不断变换的世界上固定的常量，象征着永恒。许多人猜想，这些排列形式还能对文明社会产生抚慰性和统领性的影响。

在启示录中，圣约翰实际上描述了这座天国之城的建造尺寸。“此城乃正方形，其长度等同于宽度。他用芦苇来测量这座城市，测量出的长度为12000弗隆[①]。城市的长、宽、高都一样……他还测量了城墙，结果是144腕尺……”米歇尔经过计算，得出了一些数据——该立方体有12条长度为12000弗隆的边，有6个144000000平方弗隆的面，以及144腕尺长的城墙。他也指出使用不同比例测量所造成的差异，1弗隆等于660英尺，1腕尺等于1.5英尺。但是“新耶路撒冷的基本设计图是边长为12弗隆的正方形，里面还有周长为144000腕尺的圆形区域”。按照英尺来换算，新耶路撒冷的正方形里圆的直径是7920英尺。在这样一个正方形里，地球的直径是7920英里。新耶路撒冷和地球的圆周长分别是24883.2英尺和24883.2英里，圆圈外的正方形的周长分别是31680英尺和31680英里。

不管数字是多少，其出发点是让地球上的建筑物尺寸与地球本身

① 弗隆（furlong），英国长度单位，相当于220码。

的尺寸保持一致的比例，以此表达对地球的忠诚。也许，建造城市就是为了创造一个微型宇宙的“地球”，试图对地球的和声和共鸣的力量加以控制。新耶路撒冷这个城市的建造理念显然是企图弥合天国和地球之间的差距。这个图案成为其他圣地的设计蓝图，许多像巨石阵和埃夫伯里石阵这样的圣地，都是在一条非常神奇的线上等距离分布的。

假 想 线

将埃夫伯里（欧洲最大新石器时代的石圈遗址之一，可以追溯到公元前5000年）与巨石阵等著名圣地连在一起的圣米迦勒线被称作“假想线”（ley line），是一条从康沃尔横跨英格兰到东英吉利亚的直线。圣米迦勒线为约翰·米歇尔所发现，据说是世界上最广为人知的假想线，将几个为圣米迦勒而建的“神圣”遗址都连在了一起。这条假想线从最南端的圣米迦勒山，横穿赫勒石圈、格拉斯顿伯里（突岩巨石的所在地）、埃夫伯里、万德伯里石圈，一直延伸到北面的霍普顿。

假想线（或称灵线）是将神圣遗址连在一起的想象而成的线，以直线或曲线的形式穿过一片土地，其历史常常可以追溯到古代。假想线常常将相隔几英里的标记地点连在一起，人们认为这些假想线也许是顺着史前贸易通道的路线而延伸出来的。

假想线的“发现者”据说是英国商人阿尔佛雷德·沃特金斯，传说他在1921年6月查看地图的时候找到了这些线存在的证据。他注意到，若将很多名胜古迹用一条线连在一起的话，可以横跨大片土地，穿过许多山顶，形成特有的图案。沃特金斯将假想线描述成“一组选自特定地标点的圆点，所有这些点都处在至少是四分之一的弧度范围之内。”他在1922年出版的著作《早期英国轨迹》中探讨过假想线，后来在1924年出版的《古老的直线》一书中，他启发读者“想象出一条虚拟链条，将目力所及的山峰连在一起”。这条链条将处在不同地点的山丘、圆形土方和地球的“高处”连成一体。沃特金斯将这些假想线与罗马神话中的墨丘利（相当于希腊神话的赫尔墨斯）联系在一起，他是沟通和边界之神，是旅行者的向导。沃特金斯觉得假想线也与德鲁伊教有所关联，后来他于二十世纪二十年代末撰写了一本著作，名叫《假想线追寻者手册》。但假想线其实是《羊脚上帝》的作者、玄秘学家迪昂·弗臣首先提出来的：假想线具有一种特殊的力量，能将古代的圣地联系在一起。

后来，新时代运动追随者们认为假想线具有宇宙的能量，他们相信假想线按照地球本身的某种网格或图案排列。水脉占卜者和灵媒都表示能够“读懂”和找出假想线，假想线也开始与亚特兰蒂斯[①]神话产生联系，约翰·米歇尔在其著作《亚特兰蒂斯上的景象》中对此进行了描述。

据称，有一些假想线穿过北美洲西部的土地（许多假想线与美国土著的圣地连在一起）、美国东南部、英国的格拉斯顿伯里—阿瓦隆线、苏格兰的格拉斯哥线、法国南部，将与抹大拉的玛利亚的传说有关的许多圣地串在了一起。威尔士和爱尔兰的土地上也存在着假想线、神奇的圣地和神秘的旅游黄金景点。南非的纳斯卡线被认为具有假想线的图案，据说这些神秘的线条甚至与墨西哥的古代金字塔有关。

在二十世纪，人们对假想线的兴趣和研究达到了史无前例的水

① 亚特兰蒂斯，传说中一片有高度文明发展的古老大陆，又称作大西洲或大西国，沉没于大西洋的岛屿。

平。似乎每个人都有一套自己的理论！有一些理论和观点“显而易见”；但是，除非我们掌握了确凿的证据，否则不能低估和轻视任何一种理论。例如，新时代运动思想家认为，假想线是为了外星人的UFO着陆地球而设置的狭长地带或指引标识。除非我们真的与外星人联系上，而且那些外星“小绿人”宣布假想线是着陆向导或跑道，否则我们有什么证据能证明他们是错的呢？

当然，不是每个人都相信围绕着假想线出现的那些神秘理论。根据网站Skepdic.com的观点，“没有证据能证明这种观念是对的，除了未受过正规训练的爱好者基于无法控制的观察的主观确定性。但是，支持这种观点的人声称，能量是与磁场变化联系在一起的。所有这些理论还从未被科学证明过”。

假想线的出现是否毫无规律可言呢？著名的怀疑论者兰迪进一步表示，巨石阵（以及几乎任何一个建筑或随机的地点）都位于至少两条假想线的交界处。

我们会发现，那些笔直（大多数都不直）的假想线很少出现在人口稠密地区的地图上，特点不明显的地区犹为稀少。

远在英国人之前，中国古人也提出过类似的观点。中国人将这些线称作是“龙线”，他们利用这些线进行天气预测。但与今天普通的电视气象学家相比，中国古人在这方面并不是很成功。

尽管缺少支持或反对假想线的科学依据，但还是形成了一门名叫“测地学”的新兴考古学科，地质勘探是其中的一个参考因素。这种模式表明，这些线无非是人类尝试标记的测量线、边界标志以及最常被人使用的贸易和迁徙路线。

沃特金斯本人从未赋予假想线任何玄学或超自然的意义。然而，现在的人们坚持认为：与地球的电磁振动频率产生共鸣的能量线是地球的标记，蕴含着远远超过我们所知的古代知识。这种观念一直延续到了今天。不管这些线的源头是什么，这些假想线所指向的圣地仍然吸引着那些对未知的知识、数字的力量及其象征意义感兴趣的人。

假想线最有趣的终结点之一是著名的罗斯林教堂，教堂精彩地显示了神圣几何学的魅力，将符号、和声学和数字融合在一起，传达出一种来世之感和与上帝的联系。

罗斯林教堂是一座15世纪的教堂，由威廉·克莱尔设计，他出身于祖先是诺曼骑士的苏格兰圣克莱尔贵族家庭，据说他的祖先与圣殿骑士团有血缘关系。该教堂最初被称为“圣马太同道联修教堂”，罗斯林教堂借助丹·布朗创作的畅销小说和电影《达·芬奇密码》而名声大振，该书使这所教堂进一步与圣杯传说紧密联系在一起。许多历史学家和玄秘学家甚至坚持认为，圣杯的终点就在罗斯林教堂，这个故事隐藏在教堂墙体的深处，其中的秘密也许只有音乐才能够揭示。

罗斯林教堂于1440年开始建造，建造过程持续了约40年。从古至今，罗斯林教堂一直都与神秘和阴谋联系在一起，还与玄秘的知识有关。这种“同道联修教堂”象征着权力和知识，是为了能给人提供精神和教育方面的帮助，但是正如理查德·奥古斯汀·海伊神父在三卷本研究著作中所写的那样，罗斯林教堂蕴含着更深邃的奥秘。海伊是罗斯林教堂和圣克莱尔家族研究方面的权威。他在书中写道，罗斯林教堂与其他教堂有所不同，它是一所“最不寻常的教堂，散发着光荣与辉煌”。据说，在建造这座富丽堂皇的教堂的时候，威廉爵士聘用了当时欧洲最优秀的工匠和石匠。在历史上，罗斯林教堂一直与具有传奇色彩的圣殿骑士团[1]保持着联系。在神学家看来，这种联系持续到了今天。

许多作家和罗斯林教堂的研究者认为，教堂的西墙是以耶路撒冷的哭墙为模型设计而成的。不仅如此，据报道，2005年人们在石头天花板上发现了刻下的神秘符号，这些符号看起来像是一张乐谱。约翰·米歇尔完成了这个天才之举，在天花板的213个立方形上找到了隐藏的密码。这些立方形放在一起构成一系列图案，这些图案再组合成为一份乐谱，能够为13场中世纪祷告会伴奏一个小时。

作曲家米歇尔也发现，罗斯林教堂的12根柱子底部的石头构成一个经典的15世纪调子（一段乐曲的后三个和音），他表示这段音乐听起来像是一首“童谣”，这段孩子般的曲调更适合威廉·克莱尔这样的人。此人也许是个伟大的建筑师，却是个糟糕的音乐家！米歇尔是托马斯·米歇尔的儿子，托马斯曾花去20多年的时间试图揭开罗斯林教堂天花板的音乐密码。斯图亚特将这段神秘的音乐录制下来，这段音乐被称为“罗斯林经文歌”。许多研究者表示，如果用中世纪乐器演奏这段音乐，能够在整个教堂里产生共振频率，类似于物质波动模式或克拉尼模式——一段持续的音符使洒满粉末的一片金属振动的时候，便会出现这种波形。这种频率在粉末上形成某种图形，不同的音符能产生不同的图形，例如斜方形、花形、菱形、六边形以及其他形状。所有这些图形都能在罗斯林教堂的天花板立方体上找到！

许多学者坚持认为，这些音符和天花板立方体上相应的图案绝不仅仅是巧合，未来某一天我们也许能够通过不断重复演奏频率合适的音乐，揭开中世纪的秘密。

---

① 圣殿骑士团，由宗教僧侣组成的军事组织，成立于第一次十字军东征末期，旨在保护基督徒前往圣地朝圣的路线。

也许威廉·克莱尔熟知神秘几何学和和声学，在建造这座神秘又神奇的教堂时将它们运用其中。这些玄奥却又是基于科学的神秘元素，再加上罗斯林教堂与“共济会”“圣殿骑士团”等神秘组织之间千丝万缕的联系，使这座教堂一直都是广受欢迎的旅游景点。教堂里有两根柱子被石匠们看作是博阿兹和约阿希姆的柱子，教堂的墙上刻着一些涉及海勒姆密钥的图画，以及只有在美国发现的某些植物种类——这些植物被正式发现也不过在一百多年之前。

传说有一笔十分可观的财富，也许就是圣杯本身，就藏在罗斯林教堂的地下室下面的密室里。据说，在罗斯林教堂里有三个巨大的中世纪箱子，里面填满了令人咂舌的东西，这些东西也许会改变我们整个宗教历史。还有人相信，秘密是藏在教堂的石墙内部，充满着象征和隐晦的含义。没准某一天，音符的顺序碰巧正确排列，向我们揭示教堂里的秘密。

其他圣地也蕴含着许多古代知识，要想参透其精髓，必须能辨别其中的符号、标识，以及由数字和序列组成的神秘图案。我们不幸失去了很多神圣建筑设计方面的知识和动力，不过聊以慰藉的是，也许有一天这方面的知识会重新被挖掘出来，并且产生能够理解和认识这些知识的新一代人。在下一章中，我们将探讨为何某些数字在神秘的宗教信仰和传统，乃至童话故事这样现代的领域中发挥了如此巨大的作用，而这些数字蕴含的意义则远远超出了肉眼所看到的符号和标识。

4:4

第四章

标识和符号

符号中既有隐秘性的信息，也有启示性的信息，因此，通过沉默和说话，符号具有了双重意义。我们所说的“符号”或多或少是上帝清楚而又直接的象征和启示；上帝为了显灵，也可以说，为了实现人类的某种目的，而与人类融合成一体。因此，人类通过符号获得上帝的指引和旨意，获得快乐或悲伤。

——托马斯·卡莱尔

“停！”“不能右转！”“让！”令我们的保险承运人庆幸的是，我们大部分人都熟悉现代交通中使用的各种各样的标识和符号。尽管有时候会让人恼火，但这些符号具有重要的价值。几千年里，人类发明了各种各样的符号和标识来代表几乎所有重要的事情。例如，看到巨大的金色双拱门，你首先会想到什么呢？

符　号

英语symbol（符号）源自希腊语symbolon，意思是“契约、标志、徽章和识别方法”。

符号可以是实物或图像，也可以是观点、概念和抽象物的视觉表征。例如，在美国、加拿大、澳大利亚和英国，红色八边形路牌象征“停”。在美国和其他一些国家，一对金色拱门用来代表汉堡包。标识和符号使我们能够使用容易识别的名字和图标来代表原物。

自人类历史开始以来，标识、符号和图像一直被用于宗教和神秘学。早期的岩石和洞穴岩壁上的图像十分引人入胜，向我们展示了史前祖先的思想和意识。围绕着这些富有创造性的记号，出现了很多的理论——有人认为这些记号具有仪式性的用途，还有人相信这些记号是用于信息的传递。不管哪一种观点说得有理，这些符号仍然还是人类体验中神秘而不可知的一部分。

宗教

在人类历史上，人们也将符号用在宗教领域中。我们每天都会遇到混杂在一起的神圣的宗教符号，例如基督教的十字形记号、犹太教的大卫之星、伊斯兰教的新月形、佛教的法轮等。随着现代社会对文化和宗教多样性的尊崇，越来越多宣传宗教思想的告示牌出现在美国郊区，越来越多的街角建立起基督教堂、犹太教堂、清真寺以及其他进行礼拜的场所。

数　字

连我们最喜欢的数字这个话题都很难不受符号和标识的影响。数学图示通常就是以一种简单易懂的语言来表达一些数学概念。英国著名统计学家和作家兰斯雷特·霍格本曾说过：

> 每一个有意义的数学概念都能用简单的语言表达出来。许多语言简洁的数学若用文字表达能够写满几页纸，而若用数学符号来表示的话也许一行就够了。实现如此高效的压缩效果便是用符号来指代数学概念、数学指令等。

许多世界上最神秘和神圣的地方也使用标识、符号和数字作为代表性图标。从古代到现代概莫能外。一些世界奇观，例如吉萨大金字塔、巨石阵、复活岛、马丘比丘、泰姬陵，乃至罗斯林教堂的建筑结构都暗含了一些符号，是建造者有意留下的，为那些乐意探险的人提供更高层次的秘密知识。很多时候，这种知识都与数字有关。

我们甚至还为数字本身创造了一个符号：#。

符号和数字之间的关系可以说是不可避免的。

三 位 一 体

不管是一目了然的数字形式，还是神秘的符号，数字无疑对世界宗教产生了深刻的影响。最广为人知的一个符号便是“三”——或称“三位一体”。

三位一体，即由三部分组成一个整体，可以指代以下几个方面：

■　希腊哲学：代表数字3的毕达哥拉斯符号。

- 音乐：一组三个音符，一般形成全音阶的功能和弦。
- 关系：用来指三个人之间的关系。
- 宗教：常被联系在一起的三个神；常被作为整体的三个神；一个神的三个阶段或三个方面（例如，“大女神”或“三女神”：祖母、母亲和女儿，老妇、主妇和少女；天主教：圣父、圣子和圣灵）；三重神。
- 社会学：三人一组作为一个研究单位。

最重要的是，三位一体在许多宗教中具有十分重要的意义，从最古老的异教传统到现代的道教和基督教。“三”的力量显然无处不在！

事实上，每个或大或小的宗教体系都具有类似的三位一体的概念，这个概念都会涉及两个方面：一是描述现实的本质，二是描述通向智慧之路。这些遍布世界的概念与所谓的“精神统一理论”只有语义上的差异，不管对外宣称的宗教或信仰是什么，人们都可以探究和接受这种理论。

宇宙观

在古代苏美尔文化里，宇宙观是人们日常生活中必不可少的一部分。他们的宇宙观以《埃努玛—埃利什》为中心，这是一部讲述了众多天神以及其他生灵的创造过程的史诗。这部史诗后来成为神秘的犹太教中许多主题的故事框架。诗中的故事开始于“那姆”，她是原始的大海和天地万物的母亲，是她创造了天（an）和地（ki）。根据这个故事，当天空的坚硬金属壳被天神“恩利尔”分开，并被他高举到地面上方的时候，第三层生存空间随即开启，那姆的滔天洪水立刻填充进去。就这样，人类历史上有了存在之三位一体结构的最早图像。从这种三位一体的原始混乱开始，一直存在的物质和众神都是两两出现，创世的过程也随之展开。

根据杰拉尔德·拉鲁在《古代神话和现代生活》中的论述，世界是三层结构这一观点在古希腊、古埃及，甚至希伯来的创世神话中都出现过。

在埃及神话里，天和地是被水分开的。在希伯来神话里，是空气将天地分开的。一直都充满神秘色彩的巴比伦神话支持“深渊”说。这些以及其他类似的古代创世神话最终都会发展成对宇宙更具象征性的描述，例如萨满教相信世界可分成下界、中界和上界，晚一些出现的基督教认为世界可以分成天堂、地狱和炼狱。你若留意一下的话，也许会注意到，所有这些观念都是基于三位一体的体系。

异教与萨满教

古代的异教与萨满教都认为，即使在无性别之分的神界，仍然有三种存在的层面：物质、意识和精神，或者可以简单地称为：身体、心智和精神，为此人类始终争论不休。我们又一次见识了数字3的力量！

连新柏拉图主义者都明白这个基本的赫尔墨斯法则：如其在上，如其在下。各种基于地球的宗教都明白人类、自然和这一切背后的造物力量之间的关系。利用神圣仪式、药草、咏经，萨满[①]在下界、中界和上界的巨大空间里穿行，下界生存着最卑鄙的鬼魂，中界存在人类和动植物，上界则具有更高级别的指导和知识。在基督教开始至少40000年之前，萨满教徒便明白一点：获得圆满和与造物主联系的唯一方式是能够在这三个世界里来去自如。他们相信，为了进入纯精神的领域，他们必须要能够超越身体和心智的限制。

这些观点是不是后来圣父、圣子和圣灵的三位一体理念的前身？这些观点是否启发了弗洛伊德，使他提出本我、自我和超我的理念（后来又变成潜意识、意识和超意识）？以及佛教的人格、正念和涅槃？或玄学中的自我、意识和大我呢？没准如今较新的观念——“右脑/直觉力、左脑/分析力和第三只眼/精神世界”也能在这些理论中找到支撑点。

埃及人的理念

古代有许多创世神话和故事，例如埃及的在位女皇是神的母亲，统治的法老是太阳神，或无所不在的圣父化身为人，法定继承人（王子）既是神的儿子也是未来的神，所有这些故事都提到三位一体的结构，基于这个结构，人类不仅能理解自己周围的世界的创造方式，还能理解人类被创造和表达自我的方式。这种表达自我的观点在人类历史中反复出现，从女皇、法老和王子/儿子，到佛祖、佛法和僧伽，到上帝、基督和亚当，到圣父、圣子和圣灵，再到如今流行的“自

① 萨满（Shaman），萨满教巫师传统中，现实世界与神灵世界的中介者。

我”“我自己”和“我”。

基督教

最明显的三位一体理念出现在基督教中，按照基督教的教义，圣父、圣子和圣灵是第一次被描述成真实存在的人物。圣父是上帝，圣子是基督，亦称上帝之子和人类之子，圣灵在《新约》里常被描述成一种“神灵”，降临在幸运的上帝选民身上。但甚至连基督教会都对简单化和具体化的三位一体理论有过争议。假如耶稣是上帝之子，而且还是上帝旨意的化身，那他是否也是上帝呢？耶稣是否与上帝具有相同的本质？还有，圣灵是何人或是何物？

早期基督教会的主教参加公元325年举办的尼西亚会议[①]的时候，他们实际上通过提出“使徒信条”解决了这种争论（不过还是有几人持反对意见）。这次历史性的会议决定，从此以后基督教官方认定，造物主和救世主是同一个人。在那个时候，三位一体不是具体存在的实体，更多的是精神符号，代表通向“神圣联盟”之路，可以说上帝是全能的圣父，上帝之子是主基督耶稣，圣灵则是将两者联合到一起的媒介。

但是随着基督教不断发展，也随着诺斯替教派[②]和基督教神秘主义开始发展壮大，一个上帝、一个圣子（基督）和名叫圣灵的神秘“实体”这一具体概念开始逐渐发展成某种更具象征意义而不是物质意义

① 尼西亚会议（Council of Nicaea），审议或宣布基督教相关决议的会议。会议召开地点尼西亚位于今土耳其的伊兹尼克市。在公元325年的会议上，不仅形成了第一届全球基督教理事会，而且制定了包括神的三位一体和基督的神的地位等相关条例。

② 诺斯替教派（Gnostics），一个活跃于公元二至三世纪的基督教组织，相信纯粹的非物质世界与非永恒的物质世界之间存在着区别。诺斯替教派的教义主要由东方宗教和古希腊罗马哲学中的唯心主义成分混杂而成。

的概念。这种情况的出现，部分原因是人类思想的自然进化和精神世界的显露。最初的大多数三位一体理念就像人类思想一样，具有简单化和具体化的特点，是基于可以在现实和物质领域中看到和立刻理解的事物之上的。但随着人类的进化，大脑意识也在不断扩展，三位一体理念似乎与现实本质渐行渐远。

这个理念和其他类似的思想在古代东方各种智慧流派中也不断出现。《薄伽梵歌》一直被视为印度文化的经典文本，在其第十八章中提到：

> 世间没有哪个生灵，
> 上天也没有哪个神灵，
> 能够摆脱三位一体的特质，
> 这种特质产生于自然。

在由巴巴拉·斯托勒·米勒翻译的《薄伽梵歌》的前言中，休斯敦·斯密斯指出：“为了揭示自我的本质，《薄伽梵歌》从三个方面来进行探寻，借助三角形来表示自我……其中一个方面关乎自我的构成、品质或特质。第二个方面将不同的精神态度区别开来，这些态度成了通向上帝的起点……第三个分类体系取决于引起人类兴趣的事物之间的差异。”按照休斯敦的观点，这三个特点创造出人类自我、心理本质和精神本质三位一体的模型。

克利须那神的不同的物质形态也被描述成具有三位一体性，拥有三个根本的特点，即纯质（sattva）、激质（rajas）和翳质

（tamas）[①]。在印度教的思想中，这三个特点构成了人类的本质。请注意，这与弗洛伊德的“本我、自我和超我”理论是何其的相似！弗洛伊德著名理论是否可能就是基于印度教的学说而提出来的呢？

进一步审视的话，我们甚至可以发现这恰恰类似于后来的基督教对“天堂、地狱和炼狱”的概念。在《薄伽梵歌》第十四章中，克利须那神告诉阿朱那：

纯质的人上天堂；
激质的人留在中间；
翳质的人，
被狠狠抓起来，堕入地狱。

印度教的三位一体性也由这三个蕴藏于自我的元素组成。纯质、激质、翳质的三位一体在《薄伽梵歌》中象征人类身体和精神的本质的三个层次。

中国人的信仰

在作为所有中国人宗教和哲学的核心的《道德经》中，我们能清楚地看到“道”（宇宙灵魂）、“德”（个人的灵魂）和“气”（宇宙的能量）与印度教中吠陀的阿特曼（个人灵魂）、婆罗门（宇宙灵

① 印度哲学中的数论派认为，纯质、激质和翳质是宇宙万物运作的三大基本原则。纯质代表纯净、清醒、善良；激质代表激情、活力、变化；翳质代表惰性、愚昧、黑暗。三者达到平衡。

魂）和莫克沙（解脱）之间是何其的相似。“道”和“婆罗门”都代表着“宇宙统一体”，或称“圣父”。“德”和“阿特曼”代表的灵魂也可以称作“圣子”。至于圣灵，我们认为“气”能量存在于世间万物之中，或者按照印度教吠陀的教义，是灵魂的完全解脱或自由。孔子的学生颜回关于道的学说也包含了这样一个观点：人类和宇宙都具有三种生命力——精、气、神，亦称“人之三宝”。生命存在的三位一体，其本质的人格化在东方的每一种传统中都有所呼应，只是在陈述方式和语义上有些微的不同。

中国佛教将三位一体论表现在以“三宝”为代表的教义中。佛教三宝是：佛陀、佛法和僧伽，或称神格、佛陀的教义和佛陀的信众。佛教三宝象征要获得与神融为一体所要采取的行动，这在东方思想中是普遍存在的观点，类似于印度耆那教中三位一体的概念——正确的洞察力、正确的知识和正确的行为。

一行禅师强调刚入佛门的弟子应该按照“佛教三宝”的学说做起，还敦促那些寻求启蒙开窍的人要明白，“每时每刻都是将生气吸入佛陀、佛法和僧伽的机会。每时每刻都是展示圣父、圣子和圣灵的机会”。因此佛陀是有形的神，佛法是正确行为的显示，僧伽是“佛教徒的群体”或“人的身体”转化成内在修行的符号，即内心的佛陀使用内心正确的思想和行为来获得精神的一致。这就是一行禅师在强调我们可以“触碰每个人内心活着的佛陀和活着的基督”的时候，他想要表达的真实意思。

在由罗伯特·瑟曼翻译成英语的《西藏度亡经》中，我们看到在藏传佛教中，三位一体论出现在“佛的三种身”的概念中：（一）法身，与终极现实相关；（二）报身，主观和超越智慧方面；（三）应身，具体的显现。在这个体系中，我们发现它与基督教的三位一体论非常符合，基督教中的三位一体体现在主观的圣父上帝、允许超然存在的具有主观性的圣灵和作为两者具体表象的圣子。

瑟曼将佛陀的身体与生命的过程（应身）、死亡（法身）和生死之间（报身）进行了恰当的比较。对于西方世界许多基督教徒而言，这些联系也同样适用于天堂（死亡）、尘世（生命）和炼狱（介于两者之间）。死亡是与上帝终极而永恒的联合（似乎比生命还要“高级”，至少对佛教徒而言就是如此）！

一行禅师也常常谈到佛教三宝（佛陀、佛法和僧伽）的基本做法与基督教的三位一体之间的相似性。一行禅师没有忘记两者具有相同的象征意义，他表示皈投“佛教三宝”是每个佛教徒修行的根本，就像皈投基督教的三位一体论是每个基督教徒修行的根本。

三位一体的其他方式

与此同时，诺斯替教的经文使上帝柔美的一面成为备受争议的话题。作家、学者伊莲·佩格斯讲述了《约翰启示录》中的一段，这段文字讲述的是在为钉在十字架上的基督伤心的同时，约翰感受到三位一体的神秘景象：“……我当时很恐惧，我看到灯光中……具有多种形式的影像，这种影像有三种形式。”约翰对这个幻象表示质疑，并因此得到这样一个答案：“我一直都与你在一起。我是你的父亲；我是你的母亲；我是你的儿子。”

佩格斯认为该版本的三位一体论是源自于希伯来文中指代“精神”的词ruah，这是个阴性词，因此与圣父和圣子结成一体的阴性之

"人"一定是圣母。根据菲利普的观点，另一个阴性的三位一体符号出现在福音书中，它将圣灵描述成圣母马利亚，是天父的配偶。菲利普相信，这是对基督学说中童贞女之子象征意义的真实陈述，"因此基督是由处女所生"，意指他是由圣灵所生，而不是一个名叫马利亚的处女。

佩格斯也认为，智慧（索菲亚）也可能是三位一体女性的一面。索菲亚、智慧，在希伯来语中为阴性词bokhmah，指的是一句谚语："上帝用智慧创造了世界。"

另一个暗示三位一体阴性一面的富有影响力的诺斯替教文本是一首名叫《雷电和完美的心智》的诗，大多数学者认为该诗的作者是一名女性（身份不详）。"我是第一个，也是最后一个……我是妓女，也是圣女……我是妻子，也是处女……我不相信神灵，也相信存在着一个强大的神。"这首诗与另一个文本相似，那就是在著名的奈格汉马第附近发现的《三形的普洛特诺尼亚》（三重形式的原始思维）。该文本宣告了思想、智慧和远见的三种女性力量，一开始便发人深省："我是存在于光中的思想……她存在于万物之前……我是存在于世间万物之内的无形之人……"

原质

研究"卡巴拉"（Kabbalah）[①]的犹太教神秘主义者同样也理解基督教三位一体的象征意义。早期的基督教试图用"三位一体性"来界定希伯来人的上帝——耶和华。在卡巴拉中，卡巴拉教徒对上帝的本

① 亦写作Qabbala, Cabala, Cabalah, Cabbala, Cabbalah, Kabala, Kabalah, Qabala和Qabalah。

质更能够从玄学的角度加以理解，“无限的上帝”主要以三种主要的“原质”存在，或者说上帝通过这些特征采取行动。第一个主要的表现名叫keter，意思是“虚无”。虚无之后另外一点显现出来，那就是“智慧”（Hokmah），亦称“存在”。这个原质是从虚无到存在的开始，是启示和生存的开始。第三个显现的点是“理解”（Binah），展现什么是存在的。从这三个“原质”衍生出上帝的六个维度，从“爱”（Hesed）原质开始，一直延伸到后面。

每一组原质以三位一体的形式展现下一组原质。例如，“爱”源自“智慧”，“权力”源自“理解”，“美”源自“虚无”。卡巴拉派教士声称，探究前三个原质的本质是不正确的，因为它们构成了神圣的“心灵”“智慧”和“理解”。与之类似的是，早期的希腊东正教会认为上帝的真正本质是无法解释的，因此需要对“三位一体论”进行更加象征性的解释。

卡巴拉

卡巴拉派教士将Ein Sof看作是“无限”，世间万物皆源自它，其中也包括人类。在《卡巴拉本质》提到的“存在链”中，我们知道：“整根链条是一个整体。直到最后一环，一切东西都与其他东西连在一起。因此神圣的本质既在天上，也在地上。其他就没有了。”然后，在“无限和你”之中，我们明白“我们每一个人都来自无限，也包含于无限。我们生活在无限传播的过程中”。无限是基督教世界的圣父，我们是圣子，“无限”的传播便是在我们体内移动并穿过我们的身体的圣灵。

沃尔姆斯的犹太教神秘主义者和哲学家以利亚撒·本·犹大拉比在文章《统一之歌》（收录于杰舍姆·休勒姆的《犹太神秘主义的主要潮流》）中宣称：

一切存在于你之中，你存在于一切之中；你充满了一切，然后包含了一切；创造出一切的时候，你在一切之中；在一切被创造出来之前，你是一切。

卡巴拉的另一个概念是超自然的三位一体性。根据卡巴拉全球网（www.universalkabalah.net）：

超自然的三位一体非常像凯尔特人的“三位一体结”：有三个部分，但是这三个部分交织在一起，三个部分似乎合为一体，能量在它们之间不间断地流动。虽然由三个部分组成，但它们同时发生，王冠（Kether）是最初的火花，智慧（Chokmah）是延伸出去的火焰，理解（Binah）像容器一样包住火焰，使得火光发散出去，却不造成毁灭。

“三位一体论”的统一是个十分有趣的概念，这很可能构成各种不同的宗教图像的基础。下面一段文字还是来自卡巴拉全球网：

有“三个超凡的母亲”与希伯来语Shin（精神/火）、Aleph（空气）和Mem（水）互有关联，三者也是阿蒙拉的三道母亲之光：数字、字母和声音，用来书写上帝的名字，所有的创造物都源自此。第三道光，“理解”衍生出所有其他的光和创造能量。我们在卡巴拉中看到，它通过闪电或“火焰剑”走出的路径，将造世的能量从源头带进“王国”（Malkuth）。“理解”是最后一个超自然力量，在来到下层世界之前就已经进入世界，因此它是最初的原型形式，而智慧是最初的原型力量。形式和力量的这些作用也可以通过创世的开始阶段进行解释。

与犹太教和基督教不同的是，伊斯兰教将“三位一体论”看作是亵渎神灵的概念。对于《古兰经》的信奉者而言，有些屈尊俯就地猜测神学的东西被称作Zanna。这个词的大意是“对不可能知晓之事自我放纵式的猜测”，这句话绝好地阐释了伊斯兰教徒对神学思考的鄙视。

上帝的三位一体性根本不为伊斯兰教所接受，伊斯兰教甚至根本不会考虑这一点。在伊斯兰教看来，上帝或安拉过去是一切，现在是一切，将来也永远是一切。

据说，先知穆罕默德在多次出神冥想之后为世界带来了《古兰经》，他认为《古兰经》是一本将上帝的话直接翻译成阿拉伯语的书。根据《古兰经》，真主安拉是不可分割的全部。这种对整体性和一体性的强调能够使伊斯兰教背离基督教会所接受的三位一体论。根据凯伦·阿姆斯特朗（曾做过罗马天主教的修女，后来变成宗教学者）的观点，上帝化身为耶稣来到人世间的观点对于伊斯兰教也是亵渎神灵的。事实上，《古兰经》中的上帝与个人毫无关系，是无法人格化的，只有通过自然现象和对《古兰经》的冥想才能瞥见上帝的本质。

上帝和现实的三位一体本质的图像，在宗教传统中十分常见，从古代的凯尔特异教到基督教，皆有体现。左上图：三曲线图；右上图：三叶形图；左下图：凯尔特三角；右下图：三位一体盾。（图片来源：维基共享资源）

童话故事

正如我们所看到的，数字3在宗教中占据着非常重要的地位。但你也许不会相信，在童话故事里，3也是一个相当重要的数字。

你还记得“金发姑娘”的故事吗？金发姑娘闯进了“三头熊”的房子里。还有我们的朋友山精？山精给山羊格鲁夫“三兄弟”惹了不少麻烦。“三只瞎眼老鼠”竭力不让一个愤怒的老妇抓住。“三头小猪”明白了风能够对建筑材料产生影响。童话故事一直以来是都是民俗研究的重要对象，这些故事对某些数字表示出显而易见的偏爱，其中就包括数字3。从三个音符到仙笛神童，到灰姑娘和继母的两个丑女儿，到三个愿望、三项任务和三个目的地，数字3在童话故事中频繁出现。在某些文化中，这些故事起到了传授知识、启发心智、娱乐孩童等多重功用，其作用之大令我们无法忽视。我们甚至还能在寻找圣杯的亚瑟王传奇中找到这种模式，更不消说圣经中三圣贤的故事了。

一些专家认为这种模式由故事本身的结构所决定：每个故事都有开端、发展和结局。在这个框架内，童话故事渐次展开，就像约瑟夫·坎贝尔说的那样，“英雄之旅”常常包含启程、探索和问题解决三个部分。故事包含三个阶段，充满魔力的数字3又一次出现了！

不过，也许是印欧语系的背景向我们提供了这种“三位一体模式”。如果真是这样的话，这是否在挑战我们习以为常的二元论，例如善与恶、白昼与黑夜、黑与白、富与穷等概念呢？根据赫伯·巴克兰在为网站Suite101.com撰写的《数字3——民间传说还是幻想小说？》的观点，如果我们支持“非洲起源说”，那么可以说我们都是第三代后裔，按照顺序排列，非洲人是地球上出现的第一代人，亚洲人是第二代人，印欧人则是第三代人。与这些文化解释类似，在科学世界和人类的身体中，我们也能看到“三位一体模式”，例如我们的DNA、RNA和蛋白质。

数字3在童话故事中频繁出现的背后也许存在更加微妙的原型原因。每三个挑战中只要出现一个挑战，要求也会随之增加，因此就更需要英雄的出现。每遇到一头熊或猪的时候，都会碰上更麻烦的问题，然后有更好的解决问题的办法。不要忘记最受观众喜欢的“活宝三人组”。在想第三个愿望的时候，我们有机会再得到三个愿望……毕竟，我们的地球是距离太阳第三近的行星。

童话故事中并非只有数字3。波斯人的传奇故事中出现过七大洞穴，若想穿过这些洞穴，必须在里面耗费一生中七十年的光阴。我们有七大洋的故事，还有“七个尖角阁房子的故事”。埃及传奇故事里有七个化身的哈托尔女神，她们负责决定新生儿的命运。在犹太古代法典《塔木德经》里，人生分成七个阶段：婴儿、孩童、男孩、年轻男子、已婚男子、父亲和老人。莎士比亚在他的戏剧《皆大欢喜》中，也写过人生的七个阶段：

> 世界是个大舞台，
> 尘世间的男女不过是舞台上的演员：
> 有上场的时候，也都有下场的时候。
> 人一生中扮演着多种角色，
> 他的表演可以分为七个时期。
> 最初是婴孩，在保姆的怀中啼哭呕吐。
> 然后是背着书包、满脸红光的学童，
> 像蜗牛一样慢腾腾地拖着脚步，不情愿地呜咽着上学堂。
> 然后是情人，
> 像炉灶一样叹着气，吟唱着一首凄婉的歌谣，歌颂着恋人的眉毛。
> 然后是一个军人，
> 满口发着古怪的誓言，胡须长得像豹子一样，
> 爱惜着名誉，动不动就要打架，

在炮口上寻找着泡沫一样的荣名。
然后是法官，
圆滚滚的肚子里塞满了阉鸡，
凛然的眼光，整洁的胡须，
满嘴都是格言和老生常谈；
他就这样扮演了这个角色。
等到第六个阶段，又变成精瘦的趿着拖鞋的傻老头，
鼻子上架着眼镜，腰边悬着钱袋；
他年轻时候节省下来的紧身裤
套在他皱瘪的小腿上显得宽大异常；
他那朗朗的男子的口音又变成了孩子般的尖声，
像是吹着风笛和哨子。
终结着这段古怪、多事的历史的最后一场，
是孩提时代的再现，全然遗忘，
没有牙齿，没有眼睛，没有口味，没有了一切。

——《皆大欢喜》第二幕第七场

心理学家马利亚·冯·弗兰斯表示，童话故事中的数字模式是一些颇有价值的线索，也许暗示了古老的命运模式，标志着人生重大事件都具有自然的节奏。这种节奏模式无疑适用于我们自己的生活，正如安妮塔·罗迪克女爵士在《数字》中写的那样，也许有一种数字模式或几种模式，能够“预测我们急速奔向的未来”。因此，我们用故事中出现的数字来界定自我，我们代代相传的传奇、神话，甚至是宗教

信仰也有了意义。我们总是在预测自己的故事，即自己生活的结果。

因此，国王有三个女儿是有原因的，雄鸡啼叫三次是有原因的，三只小猫总是丢掉它们的连指手套是有原因的，三艘船在每年圣诞节驶进港口也是有原因的。这个原因无法预测，只存在于未来的朦胧迷雾。

除了我们的友好数字3之外，数字1和2在宗教传统（以及神话和民俗）中也具有重要的意义。数字1代表着终极的合一、上帝和神性，将所有其他数字集合成一个整体。只需想一下连在一起的婚戒，便能理解合二为一的意思。还有大卫之星，它将阳性三角形和阴性三角形结合成一个非常神圣的象征性图像。这种联合成一个整体的图形十分重要，但代表着双重性的数字2也存在其中。没有这两个数字的出现，就不会有如此重要的数字3，3与这两个数字融为一体，产生三重性的特征。与阴阳符号相似，两个一半的图像结合在一起，形成一个整体。下一章也会探讨其他重要的数字，但是，当涉及符号和标识的时候，没有哪些数字能像1、2、3那样对我们产生如此大的影响，正是这三个数字界定了我们的现实——身体、心智和精神；地球、水和天空；出生、生命和死亡。

象征男女结合的二元性的两个图像。（图片来源：维基百科）

尖椭圆光轮

体现合二为一的最神秘和最强有力的图形是尖椭圆光轮，在该图形中，两个半径相同的圆圈合为一体，交叉点也落在另一个圆的圆周上。vesica piscis（尖椭圆光轮）这个拉丁词的意思是“鱼的气囊”，具有明显的宗教含义。基督耶稣过去常与双鱼座联系在一起，双鱼座的符号是相连的两条鱼，基督也与我们现在的双鱼座时代联系在一起，这个富有双重性的时代最终将进入更具统一性的水瓶座时代。

尖椭圆光轮是能够代表数字概念的另一个图像符号。人的大脑，尤其是潜意识，能够更快地对图像和符号做出反应，因此两个圆连在一起便显得更加重要，更像是一个精神的概念，而不是描述相同含义的数学等式。

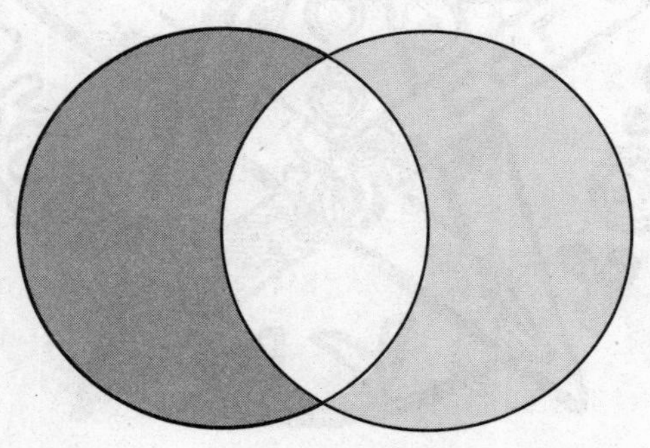

（图片来源：维基百科）

数字5

在神秘学传统中，数字5具有形而上的重要意义，象征着人类身体的图像——四肢向四周伸展，恰如达·芬奇著名的《维特鲁威人》。五角星形中的5是个神秘的质数，将2和3、1和4之和结合在一起，几个世纪以来，五角星形一直备受异教徒的尊崇。数字5在《新约》的故事中频繁出现，例如基督被钉在十字架上时身负五处重伤，他将五条长面包送给五千民众吃。五代表人类，对古代异教徒和现代的巫术崇拜者而

埃利法斯·列维的五角星形。据说这个图形的数字和符号含有人类的神奇公式。（图片来源：维基百科）

言，五代表风、火、水、土和灵魂——它们是构成生命的基本要素。

中国古人相信世间万物由五种基本元素组成，即金、木、水、火、土。我们有五种感官，手有五根手指，脚有五根脚趾。五角星形被广泛运用于巫术魔法，还被认为是一个神圣的玄秘符号，持此看法的人认为它的五个尖点代表了人类。但与之相反，人们常常错误地将五角星形与撒旦教联系在一起，所以这个图形也具有更加邪恶的内涵。将该图形与异教的山羊神（即神秘的长角的巴风特）联系在一起，并没有增加上下颠倒的五角星形对基督教徒的吸引，基督教徒还是将这个并不可怕的图形看作是邪恶的象征。山羊神是不怀恶意的森林之神，他掌管生殖和快乐时光。那巴风特呢？它是由神秘学家埃利法斯·列维创作而成，他在《高等魔法的教义和仪式》一书中，亲自绘制了巴风特的图像，称其是“安息的山羊”。这是一头长着翅膀的似人的山羊，长着乳房，头上两个角之间顶着一把火炬。但奇怪的是，在列维最初创作的画中，五角星形并没有倒转。不过，对巴风特的崇拜与圣殿骑士团，甚至圣济会联系在一起，这也许给虔诚的基督教徒提供了更多信息，基督教徒因此能够用玄学派的教义不断削弱神秘组织的力量。

海因里希·科尼利厄斯·阿格里帕的言论令人感到更加困惑。他在埃利法斯·列维的《高等魔法的教义和仪式》中表示：“颠倒的五角星有两个尖点指向上面，这种五角星形是邪恶的象征，能够获得邪恶的力量，因为这种图形颠倒了事物的正常秩序，展现了物质压倒精神的胜利。这个符号表现了好色的山羊用羊角获取天国的力量，该符号会受到新教徒的诅咒。”撒旦教的创始人安东·列维的追随者将五角星形的否定性延续了下去，他们相信反向的五角星形的三个尖点方向向下，表示出对“三位一体”的否定。神秘主义和黑色魔法传统也使这个撒旦形象获得更多的认可。

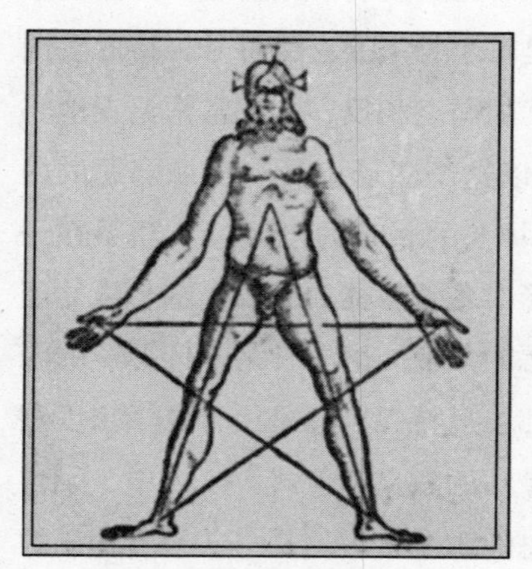

博尔扎尼五角星形（左图）将基督描绘成代表整个宏观宇宙的人。埃利法斯·利维的反向的五角星形代表神秘学传统的山羊神巴风特。（图片来源：维基百科）

不管你秉持何种信仰，数字和符号的力量影响了我们的信仰，使地球上的每一个人都认识到五角星形的积极元素，以及颠倒的五角星形所具有的消极因素。

街头数字

显然，数字以及数字衡量各种各样被认为重要的事物（包括物质和精神）的用法在许多文化理念中扮演了重要的角色，在代代相传的故事和理想中尤为明显。但到了今天，在更加现代的文化背景下，我们是否看到数字也具有代表“其他事物”的象征性用法，虽然可能是更市井的用法。

就拿保护现代公共安全的职业人士来说吧。警官、消防员和急救医疗人员都会使用数字编码来传递信息，这种信息包括犯罪类别、行为、情况，甚至他们的具体位置。有趣的是，街头匪帮发展出他们自己的与数字相关的代码作为沟通的方式，与执法人员一样，用代码来

在法律的两端，数字讲述了他们自己的语言。下面是其中一些例子：

警察代码	匪帮代码
1-1 没听清	0-0 猎枪
1-2 明白了	006 安静
1-3 停下	013 抓住他；攻击他
1-4 好的	13 冰毒或大麻
1-5 信息转发	100 验货
1-6 我忙	187 威胁杀人
1-7 下班	3R 尊敬、名誉、复仇
1-8 在上班	410 兄弟们在战斗
1-9 请重复	420 是时候吸上一口了（大麻）
1-10 出外就餐	88 希特勒万岁（雅利安民族）
代码1——谋杀	5-0 警察
代码2——强奸	50/50 非帮派内成员
代码3——抢劫	23/24 拘留所
代码4——侵犯人身罪	24/7 一直待在街上
代码5——入室行窃	023 小心
代码6——偷窃	025 你是什么级别?
代码7——盗车	5150 精神病患者

掩盖他们想说的事情。这是一种速写形式，只有圈里人才能理解，也许就如同古老的传奇、神话和故事里那些显而易见的数字代码。

数字是我们社会中极为重要的一部分，代表和象征了太多的东西。自人类最初学会计算和确定数量以来，我们一直在数字方面不断进步和成长。数字在图像中带有象征意义是十分自然的事情——这种图像能很容易被我们人类所理解。也许乔·弗莱迪警长[①]的那句经典台词“事实如此，女士”应该改成“数字如此，女士”。

① 系NBC广播台1949年至1957年播出的广播剧《法网》中的主角。该剧后被改编成电视剧。

5:5

第五章

神秘数字

宇宙的创造者以神秘莫测的方式工作。但他使用了十进制的计数体系，而且喜欢约整数。

——斯科特·亚当斯，美国卡通画家

普通的一天里，人们一般能够经历数千件形形色色的事情——有些十分重要，有些则平淡无奇，易被淡忘。但所有这些事情都会与数字联系到一起。正如我们在前几章中介绍的那样，某一个数字或某几个数字总会反复不断地出现在人们的生活里。通常而言，这种表面上的巧合往往具有深刻的内涵，或者说我们的世俗生活暗含着更伟大的神秘因素。

神秘数字出现的频率通常要比其他数字出现的频率高一些。这些数字常常吸引眼球，惹人关注。我们在第一章中了解到数字11在我们生活中频繁出现。在第三章和第四章中，我们讨论了从1到10这些数字所具有的深层次的象征性本质，尤其深入探讨了数字3与现实世界的三位一体观念之间的关联。此外，还探究了在神圣几何学、艺术和科学中出现的更高层次的数字序列。现在要将一系列似乎有信息要传达给我们的其他数字的老底都揭给大家看，但这一次不会再将其与符号和修辞联系在一起。这些是你无法避开的数字，即使它们的重要性让你吃惊并产生敬畏感、恐惧感，甚至还能带来不错的运气，但它们也都美得出奇。当然，也不是说一切都是积极的，这些曾经妙不可言的数字也同样能给我们带来无休止的烦恼、沮丧和担忧。想一想你一直熟悉的那些数字：社保编号、汽车牌照、银行账号、电话号码、自动柜员机的个人身份识别码、警报代码……这个列表可以排得很长，但毫无疑问，这些号码肯定会给许多人带来无尽的烦恼。

与广受欢迎的小说和电影《达·芬奇密码》中的主人公一样，我们发现这些数字总是不停冒出来，而且有时候总是在最有可能出现的地方出现。我们会像汤姆·汉克斯一样，对这些反复不断出现的数字，不解地直摇头。我们真是无法避开它们。

也许我们应该将这些数字称作“毕达哥拉斯密码”。

数字13

因为本书两位作者基本上不搞封建迷信——不过有一个例外：拉里有时候还会敲木头以祈求好运——所以让我们从最广受误解的数字13开始吧。在某些人看来，12后面这个简单的数字能够给我们的内心和灵魂深处带来莫名的恐惧。充满晦气的数字13意味着黑猫和碎玻璃，意味着不能跨过阴影，意味着不能从梯子下面走过，意味着不能一脚踩在马路的裂缝上。13究竟是如何受到如此不公的待遇的呢？这个数字如此可怕，甚至还出现了与此相关的恐惧症——13恐惧症（triskaidekaphobia）。根据维基百科的解释："13恐惧症（源自希腊语，tris = 3，kai = 和，deka = 10）是对数字13非理性的恐惧，这是一种迷信，具体说来是对某月13日恰逢星期五的恐惧，因此被称作'黑色星期五恐惧症'或'13号星期五恐惧症'。"

有些酒店和建筑甚至不会在12层和14层之间的一层贴上"13层"的标签（不过只有蠢蛋才会信以为真），有人不会在每个月的13日出门，尤其碰上星期五的时候，因为极其恐怖的事件也许会在那个时候降临。在一些客机上，例如美国大陆航空、新西兰航空、意大利航空、子午线航空的客机上，你不必担心自己被安排在这个倒霉的座位上，因为数字13根本就没有标在座位上。

在解释我们为何如此讨厌数字13的时候，世界上出现了诸多的理论和观点。其中一个理论是由景观设计师和建筑师查尔斯·A.普拉特在1925年提出来的，他认为13是人们无法用双手双脚计算的第一个数字。这个解释显得有些牵强附会，类似的解释还有很多，例如数字13不吉利的原因在于一年中有13次满月；13是个无法配对的数字；出卖基督耶稣的加略人犹大是最后的晚餐中的第13个客人。

其他一些解释谈到了13之前的数字12，12被看作是一个"完整"的数字，具体表现在以下方面：基督的12门徒，黄道12宫的12星座，一年有12个月。数字12中的十位数和个位数相加等于3，数字3象征着"三位一体"，在前一章中，这个数字在宗教传统和玄学中发挥着巨大的影响力。有12名骑士围坐在亚瑟王的大圆桌前，圣诞节期[①]有12天，佛陀和密特拉神[②]各有12名

① 圣诞节期（Yule），原为异教徒冬至时节日期。

② 密特拉神（Mithra），波斯神话中的光明之神，二至三世纪时在罗马帝国通称Mithras，成为广泛崇拜的对象。

徒弟，真主有12个后裔，以色列有12个部落，查理曼大帝手下有12勇士，圣灵有12个果实。1英尺有12英寸，宇宙树结有12个果实。

难怪可怜的13是数字中的异类，遭人遗弃，充满叛逆精神。

2004年8月出版的《国家地理》杂志中有一篇名叫《根植于古代历史的13号星期五恐惧》的文章，两位作者约翰·罗奇和唐纳德·多赛（北卡罗来纳州阿什维尔市“压力管理中心和恐惧症研究所”的创始人和民俗历史学家，著有《节日民俗、恐惧和快乐》）表示，“13号星期五恐惧”根植于古代人分别对数字13和星期五的晦气的联系。这两个不幸的个体最后结合成超级不幸的一天。多赛将世人对13的恐惧追溯到北欧神话。神话中，有12位天神出席了瓦尔哈拉神殿的宴会。宴会当中，来了个不速之客——喜欢恶作剧的洛基，他成为宴会上第13位来客。洛基鼓动霍德尔（黑暗之神）用带有槲寄生尖头的弓箭射向帅气的贝尔德（快乐之神）。

多赛接着写道：“贝尔德中箭身亡，地球随即天昏地暗，整个世界弥漫着哀伤的气氛。这是糟糕不幸的一天。”从那时起，13便成为一个不祥的数字。

我们更喜欢用一种较为简单的方式解释对数字13的恐惧：这个数字显示了孩童转变成青少年的分界年龄。

尽管数字13臭名昭著，在瑞典、比利时和德国等国的星期五尤其如此（在希腊和西班牙则是星期二），但它还是在许多方面表现出积极的一面。“摩西五经”中列举了上帝的13个慈悲属性。13是美国建国之前英国殖民地的数量。13是一打加一[①]中面包（你喜欢的话，也

① 一打加一（Baker's dozen），源自面包师傅为免遭顾客短缺斤两之责，售出一打面包奉送一个的旧俗。

可以是甜甜圈）的数量。13也是一个质数和斐波那契数，因此印证了一个道理：对某些人不好的东西对别人不一定就有害处，数字也不例外，这其实是角度和信仰的问题。

在卡巴拉哲学[1]中，数字13代表“价值的统一”，在希伯来语中代表“一”。根据网站About.com的专职作家迈克尔·伯格拉比[2]的观点，“在卡巴拉哲学中，数字13具有非同寻常的意义。希伯来语中的词语‘爱’（ahava）、‘关心’（de’aga）和‘一’（echad）的数值都是13。另外，数字13还代表超越了黄道十二宫（12+1=13）力量的限制，不受宇宙力量的束缚”。

更具体的一个例子是，这个数字对我们崇拜和喜爱的一样东西也有影响，那就是“金钱”。

1美元纸钞的背面具有以下这些因素：

- 金字塔上有13级台阶。
- 金字塔上面的箴言“天佑吾人基业”（annuit coeptis）由13个字母组成。
- 鹰嘴叼着的绶带上写着“合众为一”（E pluribus unum），由13个字母组成。
- 白头鹰头部上方有13颗星星。
- 盾牌上有13道条纹。
- 白头鹰的右爪抓着13根弓箭。
- 白头鹰的左爪中的橄榄枝有13片叶子。

---

① 卡巴拉哲学，犹太教神秘哲学，由中世纪一些犹太教士发展而成的对《圣经》作神秘解释的学说。

② 拉比，犹太教经师或神职人员。

所以，你若是因为信仰而对数字13产生恐惧的话，那么笔者希望你能将手中的所有美元都寄到我们个人网站上列出的邮局信箱地址。

在《美国统一的符号体系：解密美国最熟悉的艺术、建筑和标识中的隐含意义》一书中，罗伯特·希罗尼穆斯博士和劳拉·科特纳两位作者为数字13进行了辩护。他们认为，对这个无辜数字的误解发生在近代，似乎是“欧洲中世纪黑暗时代的迷信传统的残留”。根据两人的观点，这种现象肇始于基督教对女性和异教治疗师的迫害。“数字13与女神的众多信徒以及这种文化标记时间的方式有关，这种方式是建立在普通女性每年的月经周期之上。”两位作者声称，有人散布消息说数字13是邪恶的，异教治疗师被当作巫师绑在火刑柱上烧死。

但是，正如两位作者所指出的，这些“神圣的迫害者”未能认识到数字13在他们自己的《圣经》中的重要性，这个数字甚至在《创世记》一章中就已经出现。根据希罗尼穆斯博士和科特纳的观点，13在获得消极内涵之前，“被视为代表着带来巨大转变的数字，象征复兴、重生和革新。这种诠释也许是因为13紧跟在美好而完整的整数12后面出现。”他们也谈到我们的开国元勋们对这个数字的反复使用，后者一定是理解了13在美国国玺和最初的殖民地的美国国旗中反复出现的象征意义的重要性。

数字7

迷信是造成数字具有消极意义的罪魁祸首。数字的积极意义也是如此。你是否知道数字7被许多文化看作是最幸运的数字呢？

数字7在《圣经》的“旧约”和“新约”中出现了数十次：大洪水来临的七天之前，上帝对诺亚提出警告；参孙[①]头上的七绺头发；《出埃及记》中叶忒罗的七个女儿；《约书亚记6：4》中在第七日吹角的七个祭司；被七个魔鬼附体的抹大拉的马利亚；在《使徒行传19：14》中祭司士基瓦的七个儿子。

在《圣约翰启示录》中，数字7反复不断地出现：七个教堂、七个灵魂、七个金色的烛台、七星、七个天使、七盏油灯、七个印章、七个角、七只眼睛、七个喇叭、七个雷、七个皇冠、七次瘟疫、七个药瓶、七座高山和七个国王。显而易见，数字7在犹太教和基督教传统中占据着神圣的位置。在《圣经》中，其他一些数字也经常出现，但肯定不像数字7那样反复不停地出现。在神秘象征学中，数字7被认为极为神圣，是“一切”或者“世间万物”的精神的数字。

在犹太教里，数字7发挥了极为重要的作用。在Aish.com网站的专职作者雅可夫·萨洛蒙拉比看来：

> “摩西五经”最开始一节文字含有7个单词和28（可以被7整除）个字母，这一点似乎没什么了不起。但如果将其置于犹太教出现大量数字7的背景中，一个美妙的景象就随之浮现。卡巴拉哲学认为，7代表着完整和完结。七天之后，整个世界完整了。世界上有六个方向：东南西北上下。再加上你所在的位置，那就总共有七个参照点。

下面是犹太教中出现的一些与数字7相关的例子：

① 参孙（Samson），古犹太人领袖之一，以身强力壮著称。

- 安息日是一周的第七天。
- 在以色列，逾越节和住棚节共有七天时间。
- 家有近亲去世的时候，要守七日服丧期。
- 摩西是在同一天出生和去世的——阿达尔月[①]的第七天。
- 圣殿中的多连灯烛台能插七支蜡烛。
- 犹太历中有七个节日：岁首节、赎罪日[②]、住棚节、光明节、普林节、逾越节和五旬节。
- 犹太人的婚礼上，要朗诵七首婚礼祝福诗。
- 摩西是亚伯拉罕的第七代后裔。
- 埃及的每一次瘟疫都会持续七天。
- 上帝创造的天界分为七重。（所以英语里才会有“我现在身处七重天”的表达，意指“我幸福极了”。）
- 在犹太历，尤其是阴历历法中，每十九年里会出现七个闰年。
- 《塔木德经》里列出了七个女先知：萨拉、米丽亚姆、底波拉、哈拿、亚比该、户勒大和以斯帖。

数字7在宗教和神话中发挥了重要的作用。

基督教

- 基督教中的七圣事（有些传统会采用不同的数字）。
- 《启示录》中提到的亚洲的七个教会。

① 阿尔达月（Adar），即犹太教历的十二月。

② 赎罪日（Yom Kippur），犹太教的重大节日，在每年的九月或十月，人们于此日禁食并忏悔祈祷。

- 罗马天主教、圣公会和其他传统中的圣母马利亚的七件乐事。
- 罗马天主教、圣公会和其他传统中的圣母马利亚的七件悲事。
- 罗马天主教、圣公会和其他传统中的七种仁慈的体罚行为。
- 钉在十字架上的基督说的最后七个词（或最后的七箴言）。
- 七大美德：谦逊、冷静、自律、贞洁、勤劳、宽容、慷慨。
- 七大罪恶：骄傲、易怒、贪食、淫欲、懒惰、善妒、贪婪。
- 炼狱山分成七层（每一层代表着一大罪恶）。
- 在路加福音的谱系中，基督排第七十七位。
- 《启示录》中的三只野兽的脑袋的数量（$7\times10\times7+7\times10\times10+7\times10=1260$）。
- 在《新约》的《马太福音18:21》中，基督劝告彼得原谅别人要七乘七十次之多。
- 在《圣经》中，有七个人自杀。

伊斯兰教

- 《古兰经》的“开端章”有七节经文。
- 伊斯兰教传统有七个天堂。
- 伊斯兰教有七大圣地。
- 塔瓦夫仪式，即绕着克尔白[①]步行七周。
- 在萨法与麦尔旺两山之间来回奔走七遍，即在前往麦加朝觐和副朝的过程中来回往返七次。
- 地狱中的七团火。

① 克尔白（Kaaba），又译天房，穆斯林祈祷时面向的石殿，位于麦加。

■ 通向天堂和地狱的门各有七道。

印度教

■ 梵文sapta指的是数字7。
■ 印度音乐由七个斯瓦亚（即“音阶”）组成（分别是：sa re ga ma pa dha ni），这些音阶构成了印度音乐的基本因素，被运用在上千首拉伽曲[①]中。
■ 天上的一组七星被称作“七圣星”，基于七位伟大的圣人。
■ 印度教婚礼中的七个承诺和七个轮回。
■ 根据印度教的神话，宇宙中存在七个世界，每个世界拥有七个大洋，七位古鲁[②]被称作“七圣贤”。

神话

■ 在卡西人的神话中，有七位女神被遗弃在地球上，她们成为所有人类的祖先。
■ 女神伊南娜进入阴间时穿过的门口的数量。
■ 苏美尔人的神话以及其他民族神话中的七圣人。
■ 基督教神话中“睡仙”的数量。
■ 印度教神话中圣人的数量；他们的妻子都是女神，被称作“七圣母”。
■ 传说中，亚特兰蒂斯的主要岛屿的数量。
■ 在瓜拉尼人[③]的神话中，著名的怪兽的数量。
■ 日本神话中提到“七福神”[④]。

① 拉伽曲（Raga），印度音乐中的传统曲调。
② 古鲁（guru），印度教或锡克教的宗教导师或领袖。
③ 瓜拉尼（Guarani），南美洲印第安人。
④ 七福神（Shichifukujin），在日本的古代神话中，决定人间福德的是七位神仙。七福神据说起源于佛教的七难即灭、七福即生的观念。

其他

- 七为阴阳五行之和。
- 一埃及腕尺等于七手宽。
- 拜日教的等级数量。
- 数字7在彻罗基族的宇宙观中具有重要的意义。
- 在佛教中，佛陀一出生就走了七步。
- 在爱尔兰神话中，史诗英雄古奇连与数字7有着紧密的联系。他每只手上长有七根手指，每只脚上长有七根脚趾，每个眼睛里有七个瞳孔。在爱尔兰的史诗《夺牛长征记》中，古奇连七岁的时候第一次获得武器，打败了阿尔斯特率领的军队。在《艾菲的独生子之死》中，阿尔斯特的儿子康拉七岁的时候，被古奇连杀死。
- 英国民间传说，绑架塔姆林的精灵女王每七年都会向地狱交税。
- 在英国民间故事《打油诗人托马斯》中，他前往精灵王国，在那里住了七年。

（信息来源：维基百科）

在毕达哥拉斯主义者眼里，数字7是完美的数字，是3和4的和，代表着三角形和正方形，这两种图形是完美的图形。与基督同时代的亚历山大里亚的斐洛[①]说过："自然因为数字7而快乐。"他认识到7在音符、大熊座星座、人类生命阶段的数量中发挥着重要意义。人共有七窍：两个眼睛、两个鼻孔、一张嘴和两个耳朵。7是英语单词超过一个

① 斐洛（Philo），基督教神学先驱，犹太哲学、阿拉伯哲学和基督教哲学的奠基人，主张将宗教信仰与哲学理性相结合，认为逻各斯理念是上帝和人的中介。

音节（seven，有两个音节）的最小正整数。1787年在费城起草的美国宪法含有七项条款。美国是在1776年的7月宣布独立的。

在古代，世界上有七大奇迹，不过只有埃及金字塔还存在于世。世界有七大洋，人有七个精神力量的中心，武士道有七个基本原则，治安官的徽章上有七个尖点（七角星是辟邪的传统符号）。你若在拉斯维加斯的赌场里掷出七点，你肯定能赚得盆满钵满，得意而归。甚至有一种被认为能给园丁带来幸运的瓢虫身上也有七个圆点。

与数字1、2、3不同的是，很难为数字7的重要性找到逻辑和原因，很难理解为何有如此多的人重视它。甚至连共济会成员都很崇拜这个数字。苏格兰共济会成员的围裙两边印着七条流苏。所罗门国王花了七年的时间建造他的神殿，神殿是为上帝的荣耀而建，每年第七个月都会在神殿里举行一场长达七天的典礼进行庆祝。根据共济会的传统理念，世上共有七种文科和理科。共济会集会时要有七个教友参加，集会才算圆满，集会处的盘旋式楼梯必须要有七级台阶。甚至连阿尔伯特·G.麦基的《共济会百科全书》都用了满满两页纸来介绍数字7的意义。

但为何会这样呢？为何7如此特别，能产生如此大的影响？

我们能够找到的一个可能的解释与古人的原始信仰相关——世界有七大行星。历史早期文化将这些天体看作神灵，这七大天体具有巨大的力量，能够对地球上人类的生活产生巨大的影响。等到发现其他的行星之后，大多数文化已经将数字7融入他们的信仰体系，幸运数字7的传统也因此继续延续下去，渗透生活的方方面面，包括宗教、神话、仪式和庆祝活动。在《美国统一的符号体系》中，希罗尼穆斯和科特纳认为，数字7获得好名声是因为它是一个基本的几何形状，即一个包着正方形的三角形，“象征蓝天在大地之上，也可以是包着三角形的正方形，象征精神存在于物质之中，灵魂存在于人体内。”他们继而表示，7代表“时间循环的完整周期，例如一周有七天，以及许多之前提到过的特点”。

数字23

其他数字对人类也具有非同寻常的影响，出现的频率之高常令人感到沮丧。其中一个例子是神秘数字23。最近，23成为一部反响平平的电影的主题，金·凯瑞所扮演的主人公饱受这个数字的困扰。“23之谜”（23 enigma）指的是，一切事情都围绕着数字23发生，它总是会以这种或那种形式出现在人生的每一件事情中。但至少这一次，我们可以找到这个谜团的来源，即几部虚构作品，从罗伯特·安东·威尔森的《启示录三部曲》到威廉·S.伯勒斯的小说（在一个有关神秘的克拉克船长的故事中，作者第一次涉及这个数字。23年后克拉克的船和船员遭遇到可怕的命运，然后编号23的飞机被派去寻找他们）。这个数字也在混沌教的哲学中发挥着作用。混沌教认为，所有的事情都可以追溯到数字23，这取决于阐释这些事情的人是否够“聪明”。换句话说，如果你够聪明，你可以找到一种方式将数字23与你生活中任何一件重要的事情联系在一起。想一想吧——终于有一个我们之间能够产生交集的数字了！凯文·贝肯[①]是否知道这件事呢？

这样的数字并不仅仅是23。就拿离它最近的数字24为例。

① 凯文·贝肯（Kevin Bacon），美国演员，出演过《阿波罗十三号》《黑色星期五》等影片。

难道又出现了一个“24之谜”？

- 一天有24小时。
- 人体有24根肋骨。
- 24是拥有8个不同约数的最小的数字（1，2，3，4，6，8，12）。
- 24是现代和古代的希腊字母表中字母的数量。
- 希腊字母表的第24个字母（即最后一个字母）是“欧米伽”，意思是“结束”。
- 总共有24个完全数。完全数指的是与除数字本身之外，所有约数加起来之和相等的数字。（例如，6是最小的完全数，可以被1、2或3整除，1+2+3=6。）人们所知的最大的完全数由12003个数位组成。
- 24是可以被所有比它的平方根小的数字整除的最大数字。
- 中国阳历年中有24节气。
- 24是《塔纳赫》包含的经书的数量。
- 24是西方调性音乐的大调和小调的总数，不包括等音调。
- 24用二进制来表示的话是11000。
- 24是孪生质数的总和（11+13）。
- 地球在24小时里运转的距离是24000英里。

数字666

若不探讨一下自古以来最神秘的数字666的话，那就是我们的失职了。这三个6一直以来都是宗教学者和数学爱好者争辩的话题。我们又一次求助于《启示录》。在想象拔摩岛的时候，圣约翰提到一只带有神秘数字666标记的野兽。据说这个数字象征“敌基督”[①]，敌基督对地球造成破坏，直到基督本人归来和最后的审判日才能停止。

但为何要三个6呢？如果数字7被看作是完美的数字，那么数字6象征着达不到完美的数字。只要想一下天使路西法因为虚荣心和缺点而堕落的故事，就不难理解连续三个6被赋予“否定性”力量的原因。许多学者对敌基督的身份颇有争议，常常提及希特勒或尼禄[②]，甚至乔治·W.布什，但总是竭力将他们的解释与这个数字联系到一起。

根据维基百科：

- 666是1980年美国宾夕法尼亚州彩票丑闻中的中奖彩票号码，在该丑闻中，抽奖设备被擅自改动，使得最后抽中的三个数字不是4就是6。
- 666是1998年发现的电脑病毒MacOS SevenDust最初的名字。
- 在《圣经》中，666是流亡巴比伦之后返回耶路撒冷和犹尼亚的亚多尼干的子孙的数量。
- 在《圣经》中，所罗门国王在一年里就收集了666塔兰特的金子。
- 数字666是亚利安兄弟会的文身图案中极为常见的视觉元素。
- 轮盘赌的转盘轮子上的所有数字之和是666。

---

① 敌基督（Antichrist），《圣经》所称的在世上传播罪恶的基督大敌，将在救主复临之前被救主灭绝。

② 尼禄（Nero），古罗马暴君，即位初期施行仁政，后转向残暴统治，处死其母及妻，因帝国各地发生叛乱，逃离罗马。

■ 《歌剧魅影》（2004电影版）中的枝形吊灯的批号是666。

令人讨厌的数字！

666是过剩数。它是头36个自然数的总和（即1 + 2 + 3… + 34 + 35 + 36 = 666），因此也是三角形数。36既是平方数，也是三角形数，因此666是第6个能满足等式n2(n2 + 1)/2的数字（三角平方数），第8个能满足等式n(n + 1)(n2 + n + 2) / 8的数字（双三角形数）。

666是头7个质数的平方和。十进制数字666的调和平均数是：3/（1/6+1/6+1/6）=6，666因此是第54个具有这种特点的数字。在十进制中，666是回文数、纯位数、史密斯数。

在东正教里，666被认为具有象征意义。因为在希腊数字中，666代表着基督耶稣；因为在《创世记》中，人类在第六天被创造出来。

大多数商品的条形码的起始、中间和末端三个位置由两条细线组成分隔线。两条细线也出现在条形码对数字6的编码上（不包括其他数字），因此对于人的肉眼而言（而不是对条形码读取器而言），这几条分隔线读出来之后是666。有人将这看作是一个启示录的预言的实现，即“没有这个数字，没有人能够购买或出售”（摘自《启示录13:17》）。

恐怖电影《凶兆》新版于2006年6月6日（06/06/06）上午06:06:06开始公映。

前美国总统罗纳德·威尔逊·里根（Ronald Wilson Reagan）的全名中每一个词都是由6个字母构成的。命理学家盖瑞·D.布莱文斯因此相信，里根实际上是反对基督的。此外，在里根总统任期结束并搬到加利福尼亚州之后，他要求他家的门牌号码666换成668。

在中国文化里，666与“溜”谐音，而666被看作是最幸运的数字。我们可以明显地在中国各地的商店橱窗上看到这个数字，为了获得含有这个数字的手机号码，中国人愿意为此多花钱。

神秘主义者阿莱斯特·克劳利将这个数字视如己出。克劳利不吸食迷幻药、不喝祭酒的时候，常常把自己称作“野兽”，或许他将自己想象成了圣约翰那个狂野而又邪恶的梦里那只野兽的化身。

对某些人而言，数字6代表的恰恰就是人类自己，有两个胳膊、两条腿、一个躯干和一个脑袋。6也是“三位一体”的两倍。

如果我们将666看作是“邪恶”的数字，那么必须要问这样一个问题：这是不是人们对它的最初的想法？是不是因为三个数字的总和是18的缘故？或者如同数字命理学那样，总和的数字之和是9呢？

不管历史上出现过何种说法和文件，我们其实没有任何明确的证据来证明千年以前说过和写过这些数字的人抱有何种真实意图，除非他们给出了明确的解释。不幸的是，《启示录》没有这样做。

如果我们依据性格特点，而不是依据这个令人厌恶的数字来寻找敌基督的话，也许会获得更满意的结果。

但所有这些都指向一个无可辩驳的事实，那就是对人类而言，数字是真正尚未解开的谜团。一个谜团包裹在谜语之中。为了解开数字的秘密，找出藏在其中的宝藏，《X档案》值得用整整一集来探讨数字这个话题。数字很少随机出现，除非我们故意为之。基本上，数字似乎是在协同工作，或至少具有明确的目的。

数字异象到处都有，这说明存在善于处理数学问题的更高的智能，这种智能常常令我们困惑不已，直到我们将数字中的秘密破解为止。下面列出了一些我们在研究数字的过程中遇到的一些更为反常的数字异象。

世界上存在大量数字异象，你竟然还觉得数学无聊透顶！

数字37与别的数字相乘可以得到111、222、333、444、555、666、777、888和999。

3 × 37 = 111

6 × 37 = 222

9 × 37 = 333

12 × 37 = 444

15 × 37 = 555

18 × 37 = 666

21 × 37 = 777

24 × 37 = 888

27 × 37 = 999

数字2520可以用1、2、3、4、5、6、7、8、9和10整除。

除了2和3之外，每个质数加上1或减去1之后，最终都会被6整除。例如，数字17，加上1之后，可以被6整除；数字19，减去1之后，也可以被6整除。

加减乘除得到数字1的方式很多，其中就包括使用从0到9的所有10个个位数：

148/296 + 35/70 = 1。

6174——神秘数字的核心

数字6174是一个真正神秘的数字。乍看上去，这个数字似乎其貌不扬。但是我们马上就会看到，只要你会做减法，你就能发现6174如此特殊的原因。

卡布列克运算

1949年，来自印度德伏拉利的数学家D.R.卡布列克设计了一个程序，名叫“卡布列克运算”。首先，任意选择一个四位数，只要各个数位上的数字不完全相同即可（例如，不能是1111或2222）。其次，将数字重新进行组合，得出最大的数字和最小的数字。然后，用最大的数字减去最小的数字，得出一个新的数字，对于每个新数字重复以上过程。

这是一个简单的运算，但卡布列克却发现它最终能带来一个惊人的结果。让我们也来试一下。先从2005这个数字开始。根据该数字，我们能够获得的最大数字是5200，最小数字是0025，即25（如果有一个或多个数位是0的话，就将这些0置于最小数字的左边）。根据该运算进行的减法：

5200 – 0025 = 5175

7551 – 1557 = 5994

9954 – 4599 = 5355

5553 − 3555 = 1998

9981 − 1899 = 8082

8820 − 0288 = 8532

8532 − 2358 = 6174

7641 − 1467 = 6174

当我们得到6174这个结果的时候，运算就开始不断重复自己，每一次得出的结果都是6174。我们将6174这个数字称作该运算的核心。因此，6174是卡布列克运算的一个核心，但这是否就能说明6174是个很特别的数字呢？其实，不仅6174是这个运算的唯一核心，它还能给我们带来更多的惊喜。咱们再试一试另一个数字吧，比如1789：

9871 − 1789 = 8082

8820 − 0288 = 8532

8532 − 2358 = 6174

结果又是6174！

我们将在下一章看到，伴随数字而来的问题是，神秘数字似乎存在于目力所及的任何地方。从数字1到数字1000，只要挖掘得够深，你一定能找到各种各样的联系、重复、序列、编码和神秘的异象。但不管怎样，你总能养活自己。手里有个好用的计算器，天空（或者圆周率）才是你的极限。

人的一生中，任何数字都能与某些事件联系起来，例如事故和死亡，庆祝活动和偶然事件，对国家和世界重要的历史时刻。我们的生其他数位的数字也有这样的规律：

位数	核心
2	没有
3	495
4	6174
5	没有
6	549945，631764
7	没有
8	63317664，97508421
9	554999445，864197532
10	6333176664，9753086421，9975084201

（数据来源：http://plus.maths.org/issue38/features/nishiyama/）

活本身与数字联系得如此紧密，致使我们无法避免与这些同步性的联系。而且，由于我们都是凡人，我们会赋予同步现象本身以更深层次的意义。最终，我们对数字的依赖几乎跟对词汇的依赖一样多，因为我们的大脑接受的就是这样的训练，还因为我们感觉宇宙中有某种更高的智慧在发挥作用——用符号和图像来戏弄、嘲讽和逗弄我们。

下一章，我们将会了解到真正的“科学”，或许我们应该称其为“艺术”，这种“艺术”利用数字预测未来，决定个人和集体的命运。

难道就没有什么东西是偶然的吗？

6:6 第六章 名字、排列和序列号

掌握了数字之后，你读的将不再是数字，
就像读书的时候不只是在读字一样。你将读出其中的意义。
——W.E.B.杜波伊斯

上帝是个几何学家。
——希腊毕达哥拉斯学派的座右铭

有人相信数字能够决定我们的生活、人际关系和命运。这种想法甚为流行，数字命理学也因此应运而生。

数字命理学包含各种不同的体系、传统或信仰，它相信数字和物体之间具有某种神秘或玄妙的关系。数字命理学和占卜术极受早期数学家的欢迎，例如毕达哥拉斯，而如今却被多数现代科学家看作是“伪数学”。

根据世人广泛接受的科学原则，将命理学称作科学并不准确，而应该将其描述成一种信仰体系，这种体系的创建理念是：“名字背后的数字”可以决定个人的命运和财富。与占星术相似，命理学的一个根本理念是：任何事物，甚至包括我们出生时父母起的名字，都在我们人生路的实现和展开等方面具有深刻的意义和用途。从我们选择的工作到我们居住的寓所，再到我们深爱的恋人，几个世纪以来，有很多人都在研究占星术和命理学的图表和星象，希望获得能够预言未来的信息，从而做出更加明智的人生抉择。

在很多历史学家看来，数字研究成为占卜术的一种手段，可以追溯到毕达哥拉斯数学理论。在将数字和字母结合起来描述和决定性格、动机和目的这个领域，毕达哥拉斯再一次成为最主要的推动者。尽管该领域的源头可能还要古老（数字命理学在希伯来的卡巴拉学说中就已经出现），但是毕达哥拉斯学派完善了这门“艺术”，最终使其成为广为世人接受的占卜方法。占卜术类似于占星术，占星术是将出生时间和地点与天体的影响结合在了一起。

其他对命理学的发展产生影响的力量来自早期基督教神秘学说、诺斯替主义和吠陀，以及中国和埃及古代的神秘学传统。人们常会引用希波的圣奥古斯丁的一句话：“数字是天神传给人类的宇宙的语言，用来确认真理。”他与毕达哥拉斯持有相同的观点：世间万物背后都是数字。公元325年的尼西亚会议之后，基督教早期的掌权者几乎明令禁止将数字作为“魔术”和占卜术来使用，一同被禁的还有占星术和其他异教信仰和传统。

随着基督教教会的力量在“黑暗时代”[①]上升到一个新的高度，数百万人也在偷偷地实践更鲜为人知的“神秘”传统。这其中就有数字命理学研究，“命理学”后来发展成一门玄奥的“科学”，出现在几乎每一种文化中，包括创造出独特数字命理学体系的中国文化。甚至

① 黑暗时代（Dark Ages），欧洲历史上从罗马帝国衰亡至公元十世纪的时期。

中世纪传下来的塔罗纸牌也常与数字命理学联系在一起。将22张大阿卡纳牌与姓名的字母和出生日期一一对应，数字命理学和塔罗牌之间就自然而然地联系在一起了。

到了20世纪20年代，算命师路易斯·哈蒙伯爵（又名凯罗）将这门艺术发扬光大。《数字书》的作者凯罗发展了“时髦”的数字体系，其运算方法是将一个人的出生日期的所有数字加在一起，得出能够反映命运的最终数字。L.道·巴利叶特在20世纪初出版的著作与弗洛伦斯·坎贝尔在20世纪30年代出版的著作也为数字占卜术这门“伪科学”的复兴发挥了作用。

作为新启蒙和精神发现的时代，兴起于20世纪60年代末和70年代初的新时代运动使世人对数字命理学的认识不断加深，此外，人们对时间提示现象、千年虫、2012、圣经密码以及其他基于数字的神秘元素的好奇心，也使世人更加关注这个领域。人们浓厚的兴趣似乎将这一神秘传统推进了主流。如今，随便找个人聊聊，都可能知道自己的“命运数字”或“总和数字”，即他们出生名的字母加起来的总数。按照数字命理学的理论，这些数字能帮助我们对过去、现在和未来产生深刻的认识。

尽管今天许多的数字命理学家将这些基本原理不断扩展，提出了各种各样的解读，例如出生名、生命路径、命运数字、灵魂目标数字、恋爱配对等，但为了了解个性而使用数字的最常见的方式是获得你出生时的全名，找到每个字母对应的数字，然后将这些数字加在一起，获得“总和数字”。但是连这个简单的方法也会产生不同的结果。就拿本书的两位作者的名字为例：

第一个方法是将名字的字母数量加起来，得出一个总数。

玛莉·多芬·琼斯（Marie Dauphine Savino）——19 = 1 + 9 = 10 = 1 + 0 = 1。玛莉是1。

劳伦斯·威廉·弗莱克斯曼（Laurence William Flaxman）——22 = 2 + 2 = 4。拉里是4。

第二个办法是按照字母在字母表里的位置，每个字母都有相应的数字：

玛莉	拉里
M = 13	L=12
A = 1	A=1
R=18	U=21
I=9	R=18
E=5	E=5
D=4	N=14
A=1	C=3
U=21	E=5
P=16	W=23
H=8	I=9
I=9	L=12
N=14	L=12
E=5	I=9
S=19	A=1
A=1	M=13
V=22	F=6

I=9	L=12
N= 14	A=1
O=15	X=24
	M=13
	A=1
	N=14

玛莉的数字总和：204 = 2 + 4 = 6

拉里的数字总和：229 = 2 + 2 + 9 = 13 = 1 + 3 = 4

这样一算，玛莉得到了一个完全不同的命运数字，意味着不同的生命路径、目标和命运，这还取决于谁来为她算命。不过拉里的数字总和与第一个方法的结果完全一致。这是否意味着玛莉具有双重人

自己动手来算命

找到与你出生名的字母相配的数字，将数字加起来，看看是什么数字主导着你的命运。

A 1	***G 7***	***M 13***	***S 19***
B 2	***H 8***	***N 14***	***T 20***
C 3	***I 9***	***O 15***	***U 21***
D 4	***J 10***	***P 16***	***V 22***
E 5	***K 11***	***Q 17***	***W 23***
F 6	***L 12***	***R 18***	***X 24***
Y 25	***Z 26***		

格，而她却毫不知情?

还有的算命方法要求使用你的常用名，例如玛莉·D.琼斯和拉里·弗莱克斯曼。不过，其他方法还融入了一些其他的决定性因素。例如，算命的时候你使用的全名，你的确认名、绰号或你的配偶生你气的时候所称呼你的名字（基本上都太下流，这里就不展开介绍了），许多现代的命理师也将出生时间或日期融入算命中。科学家对如此多元的方式和可能性表示质疑，因此不愿对数字命理学予以重视。在使用什么名字、日期或出生时间等方面，如果无法达成一致，人们如何才能确定算命的结果能够真正预测命运呢？结果终将使这门艺术或“伪科学”缺乏可信度，但人们还是非常愿意相信算出来的结果，不管这些结果从何而来。

出 生 名

运用最广泛、最古老且受到过严肃研究的数字命理学使用了“出生名”，因为这是你在来到这个世界那一刻得到的名字。星相学认为恒星和行星的方位能够对你的命运产生影响，同理，数字命理学认为人们一开始获得的名字对他们的命运也能产生巨大的影响。也许，父母获得了某种潜意识的灵感，这种灵感与数字和字母相一致，结果父母迫切想将自己的孩子起名为简、伊丽莎白、迈克尔或格特鲁德。将一些当下非常流行的更加可笑和“古怪”的名字研究一番的话，了解在职业、婚恋和性格特征中出现的模式，也许会是一件非常有趣的事情。

一旦明确“命运数字”（或称“大师数字”），我们就可以将这些数字与各种不同的性格特征联系起来，不管是积极的还是消极的。

我们以玛莉为例。她的命运数字既是1，也是6。根据几家网站的说法，她的优点包括：

1：优秀的领导能力，开拓创新精神，创造力，理想主义，目标明确，个性鲜明，大胆无畏。

6：富有艺术家气质，富有想象力，富有爱心，乐于奉献社会，有同情心。

所有这些优点都对玛莉描述得丝毫不差。现在再说说缺点：

1：富于攻击性，易冲动，以自我为中心，说话声音大，任性，专横。

6：自以为是，性格倔强，刚愎自用，说话直言不讳，飞扬跋扈。

所有对玛莉的优点的描述都非常准确。但问题是，其他数字所对应的特点也适用于她。数字四对应的特征是做事科学严谨，数字5对应的特征是有远见卓识，数字2对应的特征是比较容易害羞。这些特点在玛莉身上也都能体现。

我们还没拿拉里做例子呢！数字4对应的优点包括：遵守纪律，细致严谨，实事求是，具有优秀的组织能力，事业高度成功，对细节十分关注；相应的缺点包括：缺乏想象力，固守己见，过于严肃，好争论。拉里绝对不是个不苟言笑的人，这一点玛莉可以证明。拉里曾表示："我绝对不同意'缺乏想象力'和'好争论'这两点。许多用在我们身上的特点可以进行宽泛而笼统的诠释，这取决于个人的信仰，甚至是心情。"

其他数字提到的符合玛莉或拉里的个性特征要远多于上面属于他们的"数字"的个性特征。不过也许数字命理学的主旨是抓住性格特点的"精髓"。玛莉的主要特点是富有创造力，意志坚决，任性，自我意识强烈，喜欢驾驭他人。玛莉喜欢说："再敢说一遍，我就抽你丫儿！"拉里的个性细致严谨，目标明确，生活富有条理，典型的"实干家"——能够说到做到。他这人也比较严肃，比较固执己见。拉里会说："固执？怎么会是我呢？"

但是所有这些都是根据对那些神圣数字所进行的诠释而得来的。从某种意义上说，这也完全取决于那些获得算命结果的人如何解读。如果你认为自己是个强有力的领袖，那么很容易将"大胆和令人讨厌"理解成领导人的特点。随便问哪一个人，也许都会说1和4的那些积极和消极的特征实际上是3、5或8的特征。数字算命结果从没有说玛莉喜欢用希腊语唱流行曲调，拉里是哑剧表演的专家。

理想的情况下，真正的数字命理学的算命结果可以给出更加详细的信息，而不是我们在许多"DIY解读命运"网站里找到的，或者当地书店的"新时代"专柜中所罗列的"懒人也能算命"类型的书籍。

性 格 命 运

与占星术相似，一些对命运的解读会将性格和命运总结在一张纸上，有的甚至多达上百页，十分详尽地描述此人的过去、现在和未来，这种描述惊人地准确。但有人不禁要问，这是否更像是算命者的叙述，而不是占卜或诠释的真实方法?

类似于星座（包含了有益或有害的各种影响）或者中国的生肖（介绍了人的优点和缺点），我们试图将自己现在的样子与刚来到这个世界时的样子，以及当时的名字相互参照。本书两位作者的星座分别是天秤座和摩羯座（按照中国的生肖，分别属牛和狗），两人都具有与星座相关的具体特点。天秤座优柔寡断，犹豫不决；令人欣慰的是，摩羯座则积极果断。天秤座充满幻想，而摩羯座则更脚踏实地。天秤座性格外向，而摩羯座更显稳重。属牛的人大胆冒失，而属狗的人意志坚定。属牛的人固执，而属狗的人忠诚。属牛的人先行动再计划，而属狗的人先计划再行动。属狗的人毫无戒心地抬起自己的腿……呵呵，开个玩笑。我们只是想确定你还在认真看这本书。

许多特点使我们能与具有相似的数字、星座或符号的其他人形成良好的关系。尽管属牛的人和属狗的人都充满竞争意识，却可以合作默契，产生强大的合力。（两者在一起是个不错的搭配，否则本书的两位作者就不会再次合作了！）但话又说回来，许多相关的星座特点不能完全决定我们的真实本性。说到底，也许是先天遗传和后天培养共同决定了人的性格特征。

事实还是幻象?

在世界各地，你会发现许多人共同生活、相爱、合作，却违背了星座的“最佳配对原则”，这表明也许这些占卜体系更像是路标，而不是必须严格遵守的指导性体系。富有洞见的网站Skepdic.com在其命理学的网页上指出：“当你获得星座的解读时，你会发现自己会忽视根本与你不符的部分，而专注于符合你情况的部分。这些解读也许真的与你相符，或者符合你想要具有的形象。”这是任何一种占卜术的关键：即使算命者坦诚相对，也还是会告诉客户他们想听的东西。古往今来，预言家、先知、通灵者和具有超能力的人都懂得利用人的这种心理，而且屡试不爽，即给那些急于寻找答案的人提供“令人信服”的命运解读和诠释。

那么，是否可以说数字命理学其实就是心理上的“安慰和赞美”呢？是否应该将其理解成“消遣和娱乐”呢——缺乏或毫无真实性？根据作者的观点，并非如此。连Skepdic.com网站上许多怀疑论者都认为：“不管怎样，不应该在不对数字命理学的基础理论进行透彻研究的情况下就将其抛弃。”这一点没错，有人会说似乎没有什么理论基础，但是那些了解数字真正魅力的人恳请我们再对此深入研究一下。

有几个问题常被科学家用来反对数字命理学以及其他占卜方法。首要的问题是该体系缺乏凝聚力。其次，在可重复性、经验证据以及准确性方面，人们充满了疑问。世界上有各种各样的方法用来计算与字母相对应的数字，例如英国方法、希伯来方法、迦勒底方法、语音方法、中国方法、印度方法和毕氏学派方法。如果使用迦勒底方法，字母W等于6。在英语体系中，W相当于数字5，是2与3之和（W是字母表中第23个字母）。不同的计算方法差别巨大，可以导致迥然相异的阐释。解读的差异可以大得惊人，有人回到家里会想自己命中注定要进娱乐业，而也许真相恰恰相反，他们真正的生命路径是在殡葬业。不过，有人也许会说这两个行业其实差别并不大。

文字数码学

刚才跟你开了个玩笑，现在言归正传，数字命理学确实能在神秘学知识中找到基础，而且历史十分悠久。

我们现在所知的最早提到数字命理学起源的是希伯来的卡巴拉教。这种犹太教神秘学传统也被称作“文字数码学”，是用数字来代表希伯来字母表中的字母，然后在包含这些字母或数字形式的单词中寻找隐含的意义。在文字数码学中，整个单词被转换成有意义的数字；就像数字命理学那样，人的名字被转换成命运数字或总和数字，然后进行占卜。但在文字数码学中，具有类似数值和语境意义的单词被用来对原来的单词进行评判，给这个体系增加了更丰富的内涵。

根据网站JewishEncyclopedia.com，文字数码学指的是：

> 一种密码电文，给出的不是单词，而是单词的数值，或改变字母顺序而得到的密码。这个词首先出现在加利利的R.埃利泽·b.R.约瑟的32条释经学规定中的第29条规定。在一些文本中，具有重组性质的文字数码学被看作是其中一项单独的规定——第30条规定（königsberger所编*Monatsblätter für Vergangenheit und Gegenwart des Judenthums*）。沃尔伯格（Darke ha-Shinnuyim）的列表中罗列了传统文学中出现的147个文字数码学的例子，包括一些具有象征意义的数字，这应该是属于第27条规定（ke-neged）。

据说古希腊人借用该文字数码学体系来阐释不同的梦境，他们将希腊字母表中的字母与数字联系在一起。诺斯替派利用该体系寻找某些神灵的名字背后的意义，例如密特拉神。早期的基督教徒很可能是受到希伯来人的《圣经》的影响，将希腊字母“阿尔法”（第一个字母）和“欧米伽”（最后一个字母）的数值与希腊语中指代“鸽子”（基督的象征）的单词联系在一起。这个单词的数值是801。

不过将文字数码学发展成一种严肃形式的神秘学知识、传统和占卜法的是卡巴拉派教士，他们常用它来寻找上帝的圣名，通过最神圣的文本背后的数字来理解上帝。

“gematria”这个词既源自希伯来文，也源自希腊文，与指代“几何学”的希腊词有关，可以分成两种传统：“揭示性”的文字数码学，在许多类型的拉比犹太教中都有使用；“神秘性”的文字数码学，在卡巴拉教的信徒中甚为流行。文字数码学与其他数字命理学体系具有一些相似之处，例如希腊版的“等值鹅卵石”和与拉丁语相关的数字命理学等。有专家表示，文字数码学是巴比伦国王萨尔贡二世率先使用的，公元前八世纪萨尔贡二世也许采用这种占卜方法建造了科尔沙巴德墙，这面墙长度为16283腕尺，这个数字恰恰就是他的名字的数值。

最常见的文字数码学传统是“揭示性”文字数码学，其根源可以追溯到《塔木德经》和《米德拉士》，此外，后来的许多作家和评论家也有所论述。这种形式是将希伯来字母表里的每一个字母都对应一个数值，最终结果是具有深邃含义的一个或几个单词的组合，常常被认为具有预言或神圣的性质。

最被广为研究的传统也许是卡巴拉神秘学传统，主要内容是卡巴拉生命树的十大原质，或称“上帝之火”，以及卡巴拉字母表里的

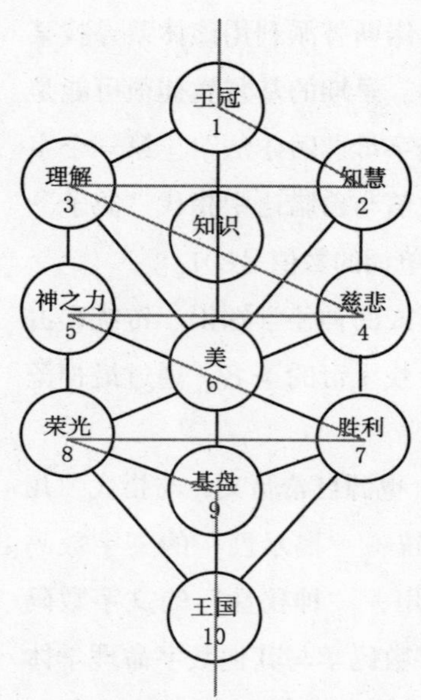

卡巴拉生命树将十大原质与希伯来字母表中的字母对应。（图片来源：维基百科）

22个字母。这种神秘学传统在《光明篇》[①]中进一步发展，还试图将字母表中的字母与正多边形组成的22个立体图形联系在一起（5个是柏拉图立体，4个是开普勒立体，13个是阿基米德立体）。一个立体图形对应一个字母。

十三世纪的卡巴拉教徒相信《旧约》中潜藏着密码，文字数码学可以破解该密码。通过使具体的单词获得具体数值，该密码可诠释整段诗节。再后来，德国学者沃姆斯的以利亚撒（同一个世纪的评论家）对这种做法进行了改进。

文字数码学基本上以单词和短语之间的相互关系为基础，因此自然就留下很大的解读空间，或者误读的空间，这完全视情况而定。除此之外，该体系还包含了许多不同的体系，以及计算字母等量数值的不同方式。与现代的数字命理学相似，进行“计算”的人不同，最终结果也可能不一样。

根据卡巴拉派和哈西德派的权威伊扎克·金斯堡拉比的教义，在25年多的时间里，他将犹太教神秘学传统的深邃智慧揭示给寻找犹太教精神的人，他提出四种分配等量数值的计算方法，分别是：

① 《光明篇》（*Zohar*），犹太教神秘主义对摩西五经的注疏。

1. 绝对值——每个字母都具有已经确定的等量数值。
2. 序数值——每个字母都相当于1到22的数字。
3. 还原值——每个字母都变成了一个单位数的数字。
4. 整数还原值——整个单词的数值还原成一个个位数。

根据《光明篇》校正版，上帝的名字对应于四种计算方法、四个精神领域和上帝的神秘名字的四个字母：

字母	计算形式	精神领域
Yud	绝对值	显现
Hei	序数值	创世
Vau	还原值	形成
Hei	整数值	行为

（改编自 www.inner.org/gematria）

需要明确的一点是，上表不过是采用了文字数码学的其中一个体系。除了其他强调各种不同的解码方法的体系和亚体系之外，还有几种文字数码体系。例如，“新拼法”认为单词的首字母可以组合成新单词；以及恰恰相反的体系，将单词的最后一个字母组成新的单词或短语；还有“置换法”，这个复杂的体系将字母罗列在表格中，让不同的字母对应不同的数值。

连早期的基督教徒都感受到古老的希伯来文字数码学的影响。另一个数字命理学体系“数字神学”基于《新约》的希腊文版本和希伯来文版本的影响。该词出现于二十世纪七十年代，由德尔·沃什本创造，他与杰瑞·卢卡斯共同撰写了著作《数字神学：揭示上帝最大的秘密》和《数字神学Ⅱ：揭示上帝最大的秘密》。“数字神学”是“数学”和“上帝”两个词结合在一起的结果，认为上帝直接干涉了基督教《圣经》的写作。基于希伯来的“文字数码学”和希腊的“等值鹅卵石”，古希伯来和希腊字母表中的每一个字母都具有相应的数值，显示出一些明显的模式，虔诚的教徒相信这些模式的出现绝非偶然。

“数字神学”的狂热追随者声称，是上帝自已将数学密码置于《圣经》中的，《圣经》里的每一个单词都十分精确地置于语境之中，从而记录下整个过去、现在和未来。人名、地名、事件的日期和出生的时间都是由这位“神圣的数学家”精心设计而成，预先置于《圣经》中最为恰当的地方，与某个数值相对应。这不愧是上帝的杰作。

圣 经 密 码

有一种观点：藏有密码的《圣经》可以破解上帝之谜，揭示他的意图和目的，大多数现代圣经学者对此无不嗤之以鼻。但这并没有阻止其他人在《圣经》中出现的各种数字中寻找上帝，圣经密码是世人试图在神学著作中寻找潜藏模式的一个新的例子。

数字神学的历史可以追溯到上万年前古老的数字命理学传统。与数字神学相似，后来出现的“摩西五经密码”，又称圣经密码，亦称“等距字母序列”（ELS）也是一种数字命理学，但要想获得具有预言性质的新的单词和短语，必须跳过一些字母。

关于圣经密码的争论始于1994年初，当时三位当代数学家和学

```
MYSTATUESANDMYLAWSANDISAACDWELTI
NGERARANDTHEMENOFTHEPLACEASKEDHIM
OFHISWIREANDHESAIDSHEISMYSISTERFO
RHEFEAREDTOSAYSHEISMYWIFELESTSAID
HETHEMENOFTHEPLACESHOULDKILLMEFOR
REBEKAHBECAUSESHEWASFAIRTOLOOKUPO
NANDITCAMETOPASSWHENHEHADBEENTHER
EALONGTIMETHATABIMELECHKINGOFTHEP
HILISTINESLOOKEDOUTATAWINDOWANDSA
WANDBEHOLDISAACWASSPORTINGWITHREB
EKAHHISWIFEANDABIMELECHCALLEDISAA
CANDSAIDBEHOLDOFASURETYSHEISTHYWI
FEANDHOWSAIDSTTHOUSHEISMYSISTERAN
DISAACSAIDUNTOHIMBECAUSEISAIDLEST
IDIEFORHERANDABIMELECHSAIDWHATIST
```

者——道伦·魏茨滕、埃利亚胡·里普斯和约阿夫·罗森伯格在《统计科学》上发表了一篇论文，论文的题目是《〈创世记〉中的等距字母序列》。这篇论文在经历了几轮的同行评审之后，最终得以发表。文章认为《创世记》中含有一个密码，可以通过研究等距离的字母进行破解，不管你是向前读，向后读，横着读，还是斜着读，都可以。而且仔细研究的话，还能发现其他模式。

采用这种方法，需要找到某个起始点，然后按照一定距离挑出其他字母，例如斜线上的每第3个字母，或横线上的每第5个字母，从而找到能够创造出意义非凡的单词或词组的模式。单词的拼写甚至也可以由前向后或由下向上进行。

维基百科提供了一个非常简单和易于理解的方式将“等距字母序列”用在《圣经》或者你认为合适的任何一个文本上：

要从原文中获得"等距字母序列"，就要先选择一个起始点（原则上任何字母都可以）和略过的字母的数量，这个数字也可以是负数。然后从起始点开始，按照略过字母的数量，以相等的间距选择相应的字母。例如，"**t**his **s**ent**e**nce **f**orm **a**n EL**S**"中的粗体字母（即有下划线的字母，下划线为笔者所加）。从前往后跳过4个字母，忽略空格和标点符号，就拼出了单词"SAFEST"。锁定第一个关键的单词之后，便可以寻找其他的单词来构成能够预言未来事件的短语，甚至句子。

连法国数学家布莱塞·帕斯卡都曾在著作中表示"《旧约》是个密码本"，艾萨克·牛顿爵士对此做了进一步阐述，他在书中写道："宇宙是上帝设置的一个密码。"牛顿相信，世间所有事件都是神的一部分，是注定要发生的，而人类一直都在试图破解其中之谜。早在十三世纪，有一位名叫巴齐亚·本·亚设的西班牙拉比将"等距字母序列"用在希伯来日历上。

圣经密码受到世人的欢迎，也有人表示质疑，但这一切都与美国记者迈克尔·德洛斯宁有关。德洛斯宁著有两本畅销书，两本书详细记录了圣经密码产生的全过程，这两本书分别是《圣经密码》（1997）和续集《圣经密码Ⅱ:倒计时》。他的书向数千万读者传递了这样一个观点：《圣经》里含有高深莫测的秘密，若将这些秘密破解的话，也许可以预测未来会出现的暴力行为、战争和灾难。德洛斯宁成功地用他的圣经密码预测了以色列总理伊扎克·拉宾遇刺事件，但是怀疑他的人表示他只不过是在利用当时紧张的政治局势，进行的预测是任何"知情人士"都能想象出来的。在他的第二本书中，德洛斯宁预测，我们将在2006年遭受“核灾难”和严重的自然灾害。令人欣慰的是，那一年并没有发生恐怖的事件，德洛斯宁不得不对他的观点（即圣经密码可以用于精确的预测）进行重述。他改口说：圣经密码只能预测可能发生的事情，而不是一定发生的事情。

支持圣经密码的人常常关注“摩西五经”，“摩西五经”包含《申命记》①的《创世记》，被称作“摩西五经密码”。但是许多圣经密码的追随者认为《新约》中也有同样神秘的密码。反对圣经密码的人则认为，只要想找到某种模式，怎么样都能找到。反对者还整理了一下《白鲸》这类经典文本，找到许多能够与“911恐怖袭击”“刺杀肯尼迪”，甚至是“戴安娜王妃之死”相关的信息。有趣的是，1997年6月9日出版的《时代周刊》引用了德洛斯宁的一句话：“假如我的批评者能够在《白鲸》里找到某位首相被刺杀的密码信息，那么我就

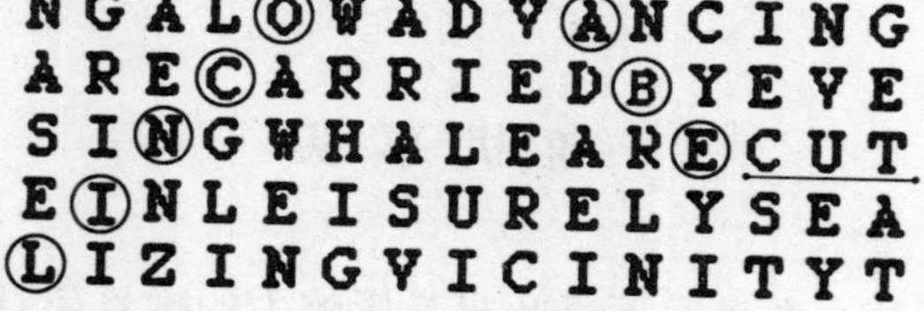

```
ARDSKILLEDATYOU
HTORTENINEACHSW
ALMOSTSEEMEDTHA
POINTINGDOWNASW
ICTAILTENDONITI
NGALOWADVANCING
ARECARRIEDBYEVE
SINGWHALEARECUT
EINLEISURELYSEA
LIZINGVICINITYT
```

经典小说《白鲸》中有亚伯拉罕·林肯之死的等距字母序列。这完全是巧合，还是所有伟大的文学作品背后都有更高秩序的记号呢？（图片来源：维基百科）

① 《圣经·旧约全书》中的一卷。

相信他们。”他的批评者照做了，还远不止于此，他们找到的“等距字母序列”提到了多起刺杀事件，其中包括几位领袖，例如亚伯拉罕·林肯、约翰·肯尼迪和马丁·路德·金。所有这些都包含在关于一头巨鲸的伟大故事中。如果细细研读的话，我们所能想象的未来难道不令人震惊吗？我们不得不想，《白鲸》是否含有许多关于死亡和毁灭的惊人预言，最有可能的是，如果我们花时间在书中寻觅，就肯定能够找到。

我们不会在本书中对圣经密码是否存在妄下定论，但我们可以说，这方面的争论仍在继续。辩论双方都充满激情地给出了令人信服的观点。也许就像其他书中一样，《圣经》中真的含有密码，但我们必须要提出一个问题：这个密码是否真的存在？也许我们不应该这样问。它的存在是否真的有个理由，还是因为我们的大脑具有在所有事物中寻找模式的无限能力？是否每一本文学著作都是一个庞大的词条检索的谜语？

尽管圣经密码已经不再受到公众的关注，但早晚都会有人提出某种新的密码体系来证明世间万物都具有神圣的秩序，而且这很可能要牵涉到数字。（《达·芬奇密码》不就是个例子吗？）

随机事实

被认为是十九世纪下半叶极具影响力的撒旦崇拜者——W.韦恩·威斯科特在《数字的神秘力量》一书中解释说：

毕达哥拉斯的追随者将每一个物体、行星、凡人、观点和本质都与数字联系在一起，在大多数现代人眼里，这种联系一定显得极为奇怪和神秘。生活在约公元300年的波菲利曾说过：“毕达哥拉斯的数字是象形文字的符号，他借助数字解释了有关事物本质的所有观点。”解释自然秘密的同样的（数字）方法又一次在H.P.勃拉瓦茨基写的《秘密教义》中被加以强调：“数字是理解古人宇宙观的关键——从广义上讲，考虑到身体和精神两个层面，数字是理解人类如何进化的关键，所有的宗教神秘主义体系都基于数字。数字的神秘性开始于‘第一因’，开始于数字一，最终的结果只是零——浩瀚无边的宇宙的符号。”

我们生来便渴望了解和收集与我们个人和集体的命运相关的信息，这种欲望一直都会存在。数字已经成为我们日常生活中不可分割的一部分，因此我们也会试图寻找数字所含有的意义。

在《美国的联合象征》一书中，鲍勃·希罗尼穆斯博士认为：“最好的一些信息来自神秘主义源头，而现代的教育者基本上并不接受……过去几十年间，人们对这种不是基于经验证据的信息体系嗤之以鼻。这是一种古老的思维方式，我相信，随着新模式的出现，我们会再一次认识到这些占卜艺术的价值……”

过去的模式也许正在改变，从某种程度说，这是因为有越来越多的人体验到各种神秘的标识、序列，以及下一章我们即将讨论的“同步性事件”。

7:7 第七章 同步性

又一个郊区家庭的早晨
祖母对着墙壁尖叫
我们必须大声叫喊，声音盖过吃米花糖的噪音
我们什么也听不到
妈妈不停地唠叨生活单调乏味，令人沮丧
但我们知道她的所有自杀企图都是假的
爸爸只会望向远方
他只能忍受这么多
千里之外
有个东西在淤泥中爬行
在阴暗的苏格兰湖的底部
——警察乐队，《同步性Ⅱ》

对成长于八十年代的我们这一代人而言，基本上都会认同下面这一点：警察乐队1983年的畅销专辑《同步性》恰如其分地表达了那个年代的人的内心感受和情绪。这张影响深远的专辑销量高达百万张。时至今日，专辑上最受欢迎的歌曲《你的每一次呼吸》位列“滚石史上最伟大的500首金曲排行榜”的第84位。

也许没什么好惊讶的，斯汀非常崇拜卡尔·荣格，他创作这首歌是为了向荣格的“同步性理论”致敬。事实上，斯汀非常迷恋荣格的作品，甚至专辑封面都是他在阅读荣格作品的照片！他曾向《时代》杂志解释过这首歌的主题：“荣格相信生活并非杂乱无序，而是存在着一种巨大的模式。我们的歌曲《同步性Ⅱ》是关于两件同时发生的事情之间不存在逻辑或偶然的关系，而是象征性地联系在一起。”

前面的章节中已经提到，数列能够且确实具有一些具体的关联模式。与这首歌相似，数字也常常被用来代表某些符号。很多时候，由于数字永恒不变的本性，“造物主”也许是有意地利用一些隐藏或含蓄的数学关系，作为达到永恒性的途径。

“同步性”这个词由卡尔·荣格率先提出，这位著名的瑞士心理学家用它来描述“非因果性事件的同时发生”。荣格还提出“非因果性联系原则”“有意义的巧合”和“非因果平行性”等概念，来描述远非巧合如此简单的事件。“同步性”的概念也受到阿尔伯特·爱因斯坦等名人的关注，爱因斯坦对那些无法用简单的科学手段解释的事件之间的关联性原则十分着迷。

荣格认为，这些同步发生的事件起到了连通主观世界和客观世界的作用。事件之间暗藏的数学关系能够说明这种关联，就如同在肉眼可见的现实世界结构之下，存在着一个复杂而又具体的基础结构，或许我们也可称之为“内部结构”。用物理学家戴维·波姆的话说，现实的内在层次也许相当于一个坐标方格，所有事件都基于这种方格发生，不管是处在空间和时间的何种位置，一些事件注定在几个水平方格上同时发生。

作为《古代美洲》杂志的主编和几本有关亚特兰蒂斯的著作的作者，弗兰克·约瑟夫在发表于《新曙光》杂志的一篇名叫“同步性：命运之匙”的文章里写道，数字是人们在生活中经历的多种同步性事件的一种。他认为，数字同步性“将神秘的人类体验串在一起，常常产生惊人的结果”。约瑟夫以数字57为例解释了他的观点，该数字在美国历史上频繁出现：

- 自由钟最后一次响起是在华盛顿57周年诞辰的57年后。
- 美国宪法七项条款后的最后一段由57个单词组成。
- 纵观美国历史，华盛顿军队的主要战争和军事胜利之间隔有57天、57个星期和57个月。
- 在美国南卡罗来纳州对96号要塞的袭击中，共有57人丧命。

与许多人一样，约瑟夫相信若两件事或两个物体因为同一个数字而联系在一起，那么这背后绝不仅仅是巧合这么简单。当数字反复出现的时候，情况更是如此，恰如本书中讨论的11:11和其他时间提示和序列。如果只发生一两次，那也许不过是一种巧合，但若是高达7次、9次或12次呢？如果是发生在同一天呢？现在看来，这种事情太离奇，绝不会无缘无故发生。

> 如果某件事发生的概率是百万分之一的话，那么实际概率很可能是二分之一。
>
> ——佚名

如此说来，偶然性这个概念是否有效？“任意”“意外”和“偶然”这些词是否应该从语言中剔除？难道“运气”这种东西根本就不存在吗？

18频繁出现？

我生于1962年5月18日（1＋9＋6＋2＝18）。我生于上午9:54（9＋5＋4＝18）。我生下来体长18英寸。我生在肯塔基州（Kentucky）的路易斯维尔（Louisville）（Louisville由10个字母组成，Kentucky由8个字母组成，加起来是18个字母）。我生下来的第18个月被政府收养（1963年11月13日）。数字18在占星术中相当于数字9，因为1＋8＝9。1980年5月18日，我18岁（1＋9＋8＋0＝18）。我的社保号码的最后四个数字加起来是18。我的邮政编码的末两位数字是18（41018）。参加工作之后，我的第一个工作是运输部门的托运人，我的托运工号是18。2000年，我们公司第一次安装了一个考勤钟，我的考勤卡的条码号加起来的总数是18。

——“吉姆”提供

德国著名诗人和哲学家弗里德里克·席勒有一句话常被人引用：“世上没有运气这回事。表面上看起来只是意外的事情，实际上来自最深的命运之源。”

数字命理学

正如前一章所探讨的那样，数字命理学在人类历史上已经为许多文化所接受。根据我们的出生时间和姓名，数字命理学认为命运早已命中注定，无法改变。因此，数字还是在这一潜在的现实中发挥作用，而我们却不能用手指感知，直到每天晚上会在同一个时间醒来，看到时钟上的同一个数字，而这个数字也在回望着我们。

同步性的故事：反常的数字

——斯科特·威斯特摩兰

我与我爱人是在33岁的时候结婚成家的，仿佛命运安排好了一样，妻子在新婚之夜便怀上了我们的第一个孩子。在发现她已有身孕的那个晚上，我们被睡床上方天花板上的吊扇惊醒，风扇“高速”地转了起来，吊扇灯也照亮了整个房间。我们吃了一惊，甚至有些惶恐，回头看了一眼闹钟式收音机，发现时间是凌晨1:54。随着心情复归平静，我们将这件事看作是孩子的灵魂宣言，九个月后我们生下一个可爱的男孩。

随后三年里，没有再发生这种“怪事”（其中有一年我们试图“扩充”家庭规模，却没有成功），直到有一天，我们又一次在熟睡中被吊扇和灯光惊醒，吊扇向我们吹来一阵强风，头顶的吊扇灯将漆黑的房间照亮。我们随即向时钟看去，发现时间竟然跟之前那次毫无二致，显示的还是1:54。我还记得自己喊道：“我的天呀，跟上一次发生的时间一模一样?！”但我们不再像以前那样迷惑，因为我们谨慎乐观地将这件事看作是又一次怀上宝宝的前兆。果不其然，第二天我们发现真的又怀上了一个孩子！当天晚上，我们在我的父母家里过夜，在夜里又一次被他们的闹钟式收音机吵醒。在黑暗中，我妻子伸手摸索着寻找“关闭”按钮，她告诉我闹钟上显示的时间是1:54?！这怎么可能?！到底怎么回事?！这个毫无规律的时间、毫无意义的数列只是一次奇异的巧合，还是来自另一个世界的爱和支持的显现？顺便说一下，家里的闹钟当时是设置在“关闭”的状态，预设好的叫醒时间是早上6点。

后来，我们还经历了一次“吊扇和吊扇灯事件”（我们可爱的女儿出生大约三年后）。那件事发生在我们观看一个颇受欢迎的电视剧的时候，电视剧的情节主线是关于一次意外怀孕。事实上，当剧中人物发现自己怀孕的那一刻，吊扇和吊扇灯一下子全力运转起来！这一次终于不是发生在凌晨1:54。但我们在第二天就发现（完全出乎我们的意料），妻子又一次怀孕了。

（补充一下：斯科特说我们家的吊扇一周之内又自动运行了两次，据他所称是在祖父和祖母双双离世之后，当时他还在试图摆脱悲伤的情绪。其中一次发生在半夜11:15，当时他正在刷牙，他强烈地感受到祖母就在他的身旁。斯科特第二天得知，前一夜的同一个时间11:15，他父母的房子里充满了正在烹制的早饭的强烈味道……）

第二次发生在大约两天后，发生在他用35毫米放映机播放家庭旧幻灯片的时候。

*　　*　　*

还有一件事，一位被我们称为“JL”的女人的儿子马克因罹患癌症而英年早逝，她为此伤心不已。马克才四十出头。他去世没多久的一天晚上（在举办追悼会之前），她强烈地感到他的存在而蓦地从睡梦中惊醒。她回头看了一下闹钟式收音机，发现上面总是显示着重复的数字：晚上11:11，午夜12:12，凌晨2:22，凌晨5:55等。这种事情几乎都是在夜间发生，有时也发生在白天（总是同一个时间，总是重复的数字）。似乎只要她一感受到他“情感的触动”，这种事情就如约而至。到后来，她只是露出微笑说：“你好，马克。”她说，她的感情总是与时钟上反常的数列一致，这件事情因此变得非常真实。在相当长的时间里，这件事情有规律地持续发生着，后来就消失了一段时间。尽管他去世已有20年，但她仍然定期会有这种体验，她已经知道，这种交流伴随着他在闹钟式收音机上留下的数字而得以“验证”。

法国著名作家阿纳托尔·法朗士认为：“当上帝不想为他做的事情签名的时候，意外也许就会成为他的假名。”有人认为同步性事件是更高级别的力量或生物的标志或符号，这种观念也许能迫使人类对同步发生的事情赋予新的意义。意义也许不一定蕴含在两个同时发生的数字事件中，而很可能是我们赋予的。当这种事情发生的时候，我们又一次惊讶于一天里有九次看到数字876，或者在过去一小时里因为数字62而发生了几次争吵。“意义”是我们为一系列互有关联的事件所赋予的元素。

在浏览网上帖子的时候，我们看到这样一句话：“数字就像图形，超越了语言的障碍。”与音乐相似，数字或数学似乎是世界性的沟通方式，而且也许超越了更加形而上的界限。

从表面上看，数学不受国界限制，哥斯达黎加的某个人也许与新泽西的某个人一样很容易遇上数字同步性事件。但若进一步思考的话，我们的生活似乎总是在遵循某种模式，或者像拼图游戏一样，组成部分环环相扣。在卡尔·荣格对被诊断出患有情绪障碍和精神障碍的病人进行研究和治疗期间，他得出了一个结论：许多病人的梦境和醒来时发生的事件之间有着某种奇特的关系。最著名也是最广为人知的一个案例是，曾有一个女子接受他的治疗，但他很难有所突破。荣格细心聆听她描述的一个奇怪的梦境，梦里有一只圣甲虫。就在那个时候，一只圣甲虫飞进房间，恰好落在两人的眼前！这种昆虫并不常见，在两人所在的区域中十分稀少。这个经历恰恰就是那个病人需要看到的，她也因此摆脱了心理障碍，开始了康复的过程。

这仿佛是某个更高的力量知道她需要这种确认的信息。

幻想性视错觉和幻想性错觉

人的大脑随时随地都在寻觅可能出现的模式，从而能够更好地理解遇到的复杂情况和安排。这是一种原始的生存机制，是从我们的史前祖先那里继承而来的，对那些祖先而言，将在浓密的灌木丛中乱窜的野猪与宠物山羊辨别清楚非常重要。这种现象被称作“矩阵变换”，一个更常见的说法是“幻想性视错觉”，一种普遍存在的人类的反应。根据维基百科，幻想性视错觉（pareidolia）描述了一种“心理现象，指将模糊和偶然遇到的刺激因素（常常是图像或声音）视为十分重要。常见的例子包括认为云朵形似动物或面孔、月亮上有人居住和反着播放的唱片中有藏匿的信息”。你喜欢喝茶吗？如果喜欢，你是否曾试图“解读”沉淀在茶杯底部的茶叶呢？

幻想性错觉（apophenia）指的是人类大脑在表面毫无意义的地方寻找意义的能力。克劳斯·康拉德于1958年创造了该词，将其定义为“毫无动机地看到各种联系”，常常随之出现“对反常意义的具体体验”。幻想性错觉和幻想性视错觉这两个词常被用来解释未知的或无法用科学解释的事件。你多半可能在生活中某个时候有过这种经历。

根据玛蒂娜·贝尔兹-梅尔克博士的观点：“如今，有一个问题引起了广泛的争议，即不同寻常的经历是否是精神障碍的症状，精神障碍是由这种经历造成的，还是具有精神障碍的人很容易受这种经历影响，甚至主动寻找这种经历。”

Skepdic.com网站对幻想性错觉和幻想性视错觉进行过详细的描述。该网站表示：

看到表面上毫无关联的物体或观点之间的联系的倾向将精神病与创造力十分紧密地联系在一起……幻想性错觉和创造力甚至可以看作是一枚硬币的两面。因此，世界上一些最富有创造力的人一定是精神分析学家和治疗师，他们能够利用类似罗沙哈测验[①]的投射测试对病人进行治疗，或能够在每一个情感问题的背后看到虐待儿童的模式。布鲁格表示，曾有一位分析家认为他获得了支持“阴茎崇拜理论”的证据，因为参加测试后没有归还铅笔的女性人数要多于男性人数。还有一位分析师在一份声望很高的杂志上用一篇长达九页的文章描述人行道裂缝是阴道，而双脚相当于阴茎，老人提醒别人不要踩在裂缝上，实际上是警告避开女性生殖器。

布鲁格的研究表明，高水平的多巴胺影响了在没有意义、模式和重要性的地方找到这些因素的倾向，而这种倾向与相信超自然能力的倾向相关。

根据数据统计，幻想性错觉被称作“I类型错误”，指在不存在模式的地方看到模式。很可能许多不同寻常的经历的意义是幻想性错觉造成的，例如鬼魂、超自然电子异象（EVP）、命理学、圣经密码、异常认知、大多数形式的占卜术、诺斯特拉达穆斯[②]的预言、遥视[③]和一些其他超自然的经历和现象。

① 罗沙哈测验（Rorschach test），一种人格测试方法，让人解释墨水点绘的图形以判断其性格。

② 诺斯特拉达穆斯（Nostradamus），法国著名星相学家、预言家，精通希伯来文和希腊文，留下以四行体诗写成的预言集《百诗集》。

③ 遥视（remote viewing），指能超越正常视力范围以外看到遥远事物的特殊现象，被主流科学家认为是伪科学。

幻想性错觉的经历普遍存在，许多人在生活中都有过这种经历。怀疑论者声称，在漫长的人生路上，很可能发生互有关联的事件，人类总能找到办法将其称作是相关的或重要的。

但这些怀疑论者心存疑惑：我们如何知道赋予这些事件的意义是否正确呢？是否正如荣格所想的，这是一种个人意义或集体意义，来自原型和符号所控制的心理深处的某个地方？

本书两位作者就是一个例子。是的，我们喜欢拿自己做例子，希望还没有让你觉得讨厌。

让我们假设玛莉和拉里在数字世界中相遇。史蒂芬·斯皮尔伯格——你在听吗？我们能听到《第三类接触》的续集正在投入拍摄。不管怎样，这次来到地球的不是外星人，而是数字！好吧，也许我们不应该辞掉白天的工作。继续说下去，假设我们都在白天看到同一个数字。我们都惊叹于工作中这个数字总是不断冒出来。我们互通电话，分享各自的经历。对我们俩而言，数字同步性真的发生了。但是玛莉也许视其为消极符号，可能与她当时的情绪或当天发生的其他事情有关，例如她算不清账本里的账目；而拉里也许从非常积极的角度看待这件事，用那个号码买了彩票，发现他竟是唯一一个中奖的人。不幸的是，这完全是投机行为，因为拉里生活在一个非民主的国家，这个国家不支持休闲游戏。

如果11:11时间提示现象真的是我们收到的“叫醒电话”，那么不得不承认，同步性既发生在个人层面，也发生在集体层面，因此具有个人和集体的双重意义。荣格相信，我们在这些时刻能够接近潜意识的原型，因此我们可以认定，数字同步性对个人和所有人都应该具有意义。

同步性的故事：1999年5月11日的梦境日记

我在一所美丽大气的学校教授艺术，我上课的教室号码是11。有一天，我被一个一身白衣的看门人叫了出去，他指着走廊的墙壁，我发现数字11印在教室号码的旁边。他意味深长地看着我，仿佛在说：这你怎么解释?

我随即开始寻找那个房间的钥匙。那是一把金色的钥匙，但在我的梦中，钥匙却显得十分廉价，我寻找钥匙是要把它送给另一位代课老师。我要去密尔沃基市附近的一所大一些的学校上课，因此我钻进一辆又小又圆的白色交通工具里，这辆“车”浮在一个气囊上，我用一个鼠标一样的工具驾驶它，消失在马路的尽头。

我刚刚辞掉在日内瓦湖城的艺术教师的工作之后，便做了这样一个梦，我之所以辞掉工作是因为工作负担太重。做了这个梦之后，我开始发现到处都有数字11:11……数字时钟、汽车牌照、路标，简直无处不在，都快把我逼疯了。后来，我在谷歌上搜索了一下，令我吃惊的是，竟然有一家网站专门探讨这种现象。打那之后，两个数字11似乎接二连三地出现，我总隐约感觉即将发生什么意义深刻、重大或疯狂的事情。当我看到更大的双位数集中出现的时候，例如44-44，这似乎更多的是关乎精神领域。

对我而言，这一切与上帝的宇宙是同步进行的整体这一概念联系在一起，这些数字是上帝与那些懂得聆听的人交流的方式。

最后我想补充的是，我最终又在一个小学校里谋得一个教职，但学校恰好就坐落在公路标志旁边，上面写着“11:11，上高速”。这样，我每一次开车到那里，都会看到数字11。

——琳达·S.戈弗雷，著有《奇怪的威斯康星州》《布雷路上的野兽》和《追踪美国狼人》

两个人经历了同一件数字事件，或某人在某个时间段里经历了同一个数字或事件，说明这不仅仅是大脑之间的联系，还是不同的观点和看法之间的联系。世界的整体框架之中似乎有一种潜在的模式，这种模式又一次返回到现实世界的潜在、复杂的层面，我们可以使用五种感官，即视觉、听觉、触觉、味觉和嗅觉，感知这个层面。在1951年的一次讲座中，荣格详细介绍了他所理解的这种更大的框架，这篇演讲稿后来以《同步性——非因果性联系原则》为名发表在一本书中，书中还有诺贝尔奖获得者沃尔夫冈·泡利的相关研究。

时间提示现象和物理学

奥地利物理学家泡利对物理学和心理学之间的关系很感兴趣，特别是量子物理学这个领域。他广为人知的成就是他的“自旋理论”，以及他所发现的物质结构和滑雪联系在一起的不相容原则。他也潜心研究客观精神和主观精神的二元性，尤其强调客观精神的客观本质。在荣格看来，这种客观精神恰恰就是集体意识和集体原型的发源地，也是同步性经历的起源。

荣格对符号和原型的迷恋也许影响了他自己对同步性的诠释，但是对因为“奥卡姆剃刀原理”而广为人知的KISS原则（keep it simple，stupid，“保持简单和糊涂”）的使用表明，最简单的解释是这些事情纯属巧合。我们不要用各种各样复杂的理论来解释某个经历，而应该寻找最简单、最基础和最根本的原因——因为事情就是这样发生的。

中世纪英国哲学家和圣方济会的修道士奥坎的威廉（1285—1349）曾经说过：“Pluralitas non est ponenda sine necessitate。”翻译

成中文，意思是“如无必要，勿增实体”。这句话在中世纪哲学中是个基本原则。根据Skepdic.com网站，“奥卡姆剃刀原理亦称节俭原理。现如今，它常被人诠释成不同的意思，例如‘解释得越简单越好’或‘不要毫无必要地将各种假设叠加在一起’。不管怎样，奥卡姆剃刀原理常常在本体论之外使用，例如，在具有同等解释力量的理论中，科学哲学家将这个理论作为甄选的标准。要为某件事情给出解释性理由的时候，不要妄加判断。”将事情复杂化，将平淡的事情戏剧化，此乃人之本性。只需看一下你的婚姻或爱情，就能明白个中道理！

确认偏见

偶然性也许会带来更多没有潜在意义的相关经历。所谓的“确认偏见”是导致我们坚定地用一种有意义的方式寻找或解释信息，同时避开不利证据的“罪魁祸首”。我们对希望相信的东西深信不疑，听到和看到我们想要听到和看到的东西，这种完全自我的理由常常与其他人相信、听到和看到的东西相互矛盾。这是宗教和政党之间发生矛盾的一个主要原因（更不用说那些讨厌的恋爱关系了）。

泡利对“确认偏见”理论颇多微词，因此转而支持荣格的研究。许多科学家想方设法把巧合解释成“毫无意义”，但用来解释这些巧合的证据有时却明显得毫无意义。

原型

原型的重要性再怎么强调也不过分。荣格坚信，自然本身包含了跟原型相关的模式和对称事物。他的想法与物理学家F.戴维·皮特的想法不谋而合，皮特在他的专著《同步性：大脑和物质之间的桥梁》中写道："……自然包含了某些原型模式和对称，它们不以明显物质概念存在于世，而是存在于物质世界的各种动态运动中。"皮特还表示，自然的这些细微之处"被发现越来越远离简单的机制，这样大脑就不再显得与宇宙格格不入。同样，在物质和大脑之间起到沟通作用的同步性不能仅仅简化成一种方式的描述"。

皮特解释说，在一次同步性事件中，物体和事件集合在一起，形成一个整体空间和时间的模式。这种观点呼应了基于植物、动物、矿物，甚至人体之间对应和相互吸引的关系的中世纪哲学观念。皮特提到作家阿瑟·库斯勒的作品，他认为同时发生的事情虽然表面上似乎毫不相干，但它们并不是依赖于传统意义的牛顿力。事实上，正如库斯勒所言："某些事情容易同时发生。"

宇宙的笑声

之前讨论过，自然确实存在很多模式，也许自然更喜欢给事物配对。著名作家、哲学家和民族植物学家特伦斯·麦克纳将这种事情称作"宇宙的笑声"，指的是随机运动的"同步性区域和数据异象"。麦克纳认为，事件的同步性背后也许存在着某种"科学"，而事件发生的时候却可能显得毫无规律。对于伟大的宇宙笑声，麦克纳一直建议我们在观看《绿野仙踪》的同时，听一听平克·弗洛伊德的作品《月亮的阴暗面》。事实上玛莉很久以前就这样尝试过，两者似乎是在神奇地同步进行。是有意如此，还是纯属巧合，只有弗洛伊德乐队的成员知道！但与其说这是偶然事件，不如说是有人有意将两者结合起来，使手上有大把时间的人边听经典摇滚唱片，边看一大堆老电影，满心希望能发现下一个重大的“联系”。

时间提示现象

经历过时间提示现象和同步性事件的人常常将其称为“奇迹”。但这一切是否真的令人如此吃惊？幻想性错觉和幻想性视错觉是否可以解释清楚？别忘了KISS原则……

剑桥大学教授J.E.利特尔伍德提出一个新的“法则”——“利特尔伍德法则”。根据该法则，普通人可以每个月经历一件重要而富有意义的事件，即所谓的奇迹。他在《数学家杂记》中进行了详细的介绍，称该法则试图证明这一类事件并无“超自然”本质。他的法则与某个理论有着直接的联系，我们将在第九章详细探讨这个理论。该理论的基本观点是，如果存在足够多的人，任何事情都能（而且确实会）发生！

有关的各种争论暂且不谈，人们确实正在经历各种互有关联的事情，并赋予它们含义。就11:11这个流行数字而言，人们赋予了数字强烈的集体内涵。

有人也许将此看作我们的生活早已命中注定的证据——命运无法改变。他们认为偶尔发生的同步性事件是在不断地提醒我们命运的必然性。还有人认为这些不同寻常的事件仅仅是由因果关系的力量造成。事情常常是环环相扣，不一定就是命中注定。

但即使是因果关系理论也回避了问题的实质：原因和结果是怎样

如此紧密地联系在一起，以至于一方对另一方能够产生如此深远的影响呢？

量子纠缠

也许我们需要从分子和亚原子的层面来探讨这个问题。理论物理学和量子物理学是否掌握了解决问题的答案呢？量子物理学体系的纠缠理论[①]认为，互有关联的微观粒子即使相隔很长的时间和空间也会一直“纠缠”在一起。奇怪的是，尽管粒子没有连在一起，却能相互产生瞬时效应。这种“诡异的远距离作用”让爱因斯坦等科学家大为不解，直到爱因斯坦去世之后，这种理论才被接受。“纠缠理论”近乎确定了因果关系是持续而且瞬时发生的，如果从大宇宙的角度来看，因果关系是通过生活中的同步性经历表现出来的。

正如大卫·波姆所言，如果现实包含了不同的层面——外在层面是我们看到和体验的现实；内在层面处于外在层面之下，是我们无法看到的现实，而超级内在层面则是一种“上帝般”的现实，这种现实包含了另外两个现实——因此，看似巧合的事情也许不过是发生在一种现实层面的事情进入另一个现实层面中。对于“交替维度”和“平行宇宙”这些理论而言，基本原理也大致如此，这两个理论是理论物理学和量子物理学十分流行的概念，与主流科学一样发展得越来越快。A平面发生了一件事情，接着B层面也发生了一件事情，这看起来似乎纯属偶然，但如果从更大的层面加以审视的话，其中根本不存在

① 纠缠理论（entanglement theory），1982年，法国物理学家艾伦·爱斯派克和他的小组在实验中证实微观粒子之间存在一种叫作量子纠缠的关系。量子纠缠已被世界上不少实验室证实，许多科学家认为量子纠缠的实验是近几十年来最重要的科学发现之一。

什么偶然性。我们也许看不到A平面发生了什么，因此不会从理性上进行联系，认为这是一件存在因果关系的事情。只是因为你没有看到起初的原因，并不意味着它不存在于某个地方。

在1998年出版的《彩虹和蠕虫》一书中，何美云博士表示，空间和时间的连贯性本质可以为另一种现实提供一个框架。“连贯的空间—时间结构从理论上保证了‘即时通讯在一系列时间尺度和空间范围内发生’。实际上，这揭示了一个未曾探索的巨大领域，因为该领域所要求的非线性结构化时间的概念对于传统的西方科学架构而言，是完全陌生的。”

共振

共振理论认为，不管是两个粒子之间，还是人体的不同体系之间，抑或是任何一种振动物质，频率的连贯性能够产生“幻象”，或者通常被认为是“超自然”现象的现实。该理论可以解释两起同时发生的迥然不同的事件，即现实的更高层面的即时沟通。尽管共振的概念在量子学层面已经得到证明，但还没有在更广泛的科学领域被人接受。

随着我们越来越理解振动在物质和能源的构成方式以及运行方式上所起的作用，共振也许是了解许多异常经历的钥匙。物体的振动频率和强度既可以产生和声，也可以产生非和声，也许当这些频率互为补充或同步进行的时候，奇怪的事情就会发生，其中就包括超自然事件、特异功能和令人摸不着头脑的诡异的巧合事件。

对称

对称不仅仅是粒子的根本性质在量子论层面发挥了重要作用，在同步性上也发挥了重要作用。被称为“量子论之父”的维尔纳·海森堡相信，自然的基础不一定是粒子，而应该是粒子对称。F.戴维·皮特写道：“可以将对称性看作是所有物质的原型和物质存在的范围。基本粒子本身恰恰就是这些潜在的对称性的物质实现。”

海森堡认为，对称是现实本身最根本的层面，已经超过了光子和电子本身，正如皮特所言，正在发挥“内在和形成性的作用，造成自然的各种外在形式”。皮特然后提出疑问：“自然的原型对称是否可能也在大脑的内部结构中展现自我呢？”从“外在”和“内在”如何相互影响的角度看待这个问题，这是多么伟大的想法！它为神秘事件的出现提供了肥沃的土地。

当然，对称的抽象本质具有数学的性质，因为对称发生在“用数学界定的空间内”。但是皮特指出，这并不一定就表明，粒子“在空间上集合到一起，形成一种模式。实际上，正是它们各自的动态活动构成了数学转换的模式”。尽管我们谈论的是量子物质的动力学，但这个理论也同样适用于宏观宇宙中同步性的展现。皮特用非常生动的语言总结了他的观点：“这样看来，精神和物质之间并没有终极的差别，因此同步性代表了更深层次的秩序的明确呈现。”

数字是普遍存在的符号，因此可以理解它如此频繁地出现在同步性经历中。我们再一次引用皮特的观点：“只有当集体心理的某些方面受到世人的关注，披上某种文化的图像和符号的外衣，我们才能感知进入大脑的某种普世的东西。”因此可以解释，为何有很多人讲述脑子里想着某一首模糊不清、很少播放的歌曲，却发现收音机恰好在那个时候播放同一首歌。在本书作者拉里的记忆中，这种事情在他的生活中时有发生。“我脑子里想着一首歌，而它竟然就是电台里播放的下一首歌。相信我，我的音乐口味是非常古怪的！”玛莉可以为此作证。俄罗斯的木屐舞在如今应该不是你喜欢的音乐类型吧。

类似于数学，音乐是一种集体语言，是我们从更深的内在层次操作的原型。最后，用皮特的观点结束本节，他颇有见地地表示：“同步性的特点是普遍性与特殊性的结合，藏匿于各种巧合。”这种普遍性的本质被看作是自然界的模式、对称，甚至是数学法则，“将各种事件相互联系在一起”。事实上，也许有这样一种可能：在这个科学框架之下存在创造性和形成性秩序的网格，皮特将其称为“客观智能”。

客观智能

客观智能在自然界中无处不在，以某种更高层次的神秘形式渗透进已知的自然法则。在每一个建筑结构背后都有一个建筑师。量子世界和宇宙世界认可了意识心智和观察者的重要性。就同步性而言，必须考虑集体心智和客观心智，它们扮演着潜在的存储区，我们的个人经历就源自于此。在客观心智中，事件A和事件B之间的联系建立起来，由主观心智感知并赋予其意义。在自然界的混乱状态中，各种模式浮现，而我们对那些模式产生浓厚的兴趣，做出个人的诠释。当这些模式像时间提示一样频繁出现的时候，其中的含义会变得愈加重要和深刻。

在《同步的宇宙：超自然事件的新科学》一书中，物理学家克劳德·斯万森博士讲述了同步性在量子层面和宇宙层面所发挥的作用，以及同步性与超自然事件之间的关系。尽管他在这本皇皇巨著中多次提到超心理、鬼魂和遥视，但他关于现实是由多层宇宙构成的理论不失为有趣的心理学素材。斯万森认为，超自然事件可以改变随机或量子噪音的结构，也因此可以改变事件的可能性。尽管我们首先需要清楚地理解量子噪音的本质，但也存在“扩展现在的物理学理论，从而理解和解释超常现象”的可能性。斯万森将零点场（ZPF）看作基本量子现实的可能状态，所有的物质、形式和能量都源于这种现实。下面一段文字引自卡尔物理学学院（Calphysics Institute）的研究报告：

量子力学预测世界上存在所谓的“零点能”，这种能量能使强粒子、弱粒子和电磁力之间相互作用，“零点”指的是在绝对零度下量子体系的能量，或者量子力学系统的最低量子化的能量级。尽管“零点能”适用于自然界中这三种力的相互作用，但一般只用来指代电磁力相互作用（下同）。在传统量子物理学中，关于零点能的设想来自“海森堡测不准原理”。该原理指出：对于电子这种移动粒子，其位置测量得越精确，动量就测得越不准确（质量乘以速度），反之亦然。位置乘以动量的不确定性由普朗克常数h表示。平行的不确定性存在于对时间和能量（以及量子力学中其他所谓的“共轭变量”）的度量数据中。这种最小的不确定性并非由测量中出现的可更正的错误造成，它反映了源自不同量子场波动性的能量和物质的内在量子模糊性本质。由此产生了“零点能”的概念。“零点能”指的是当所有其他能量从一个体系中剥离之后剩下的能量。

零点场受到物理学家哈尔·普瑟夫的支持，他是最早获得大学出资支持进行遥视研究的创始人之一。零点场可以是客观智能发挥作用的生成场。宇宙中充满突然出现或突然消失的随机光子的波动能量，这也许就是异常现象的潜在温床。正如迪帕克·乔布拉所说，“潜力场”也许包含了创造我们称作“巧合”的同步性事件所需的所有信息。另外，在这个过去、现在和未来同时存在的领域里，我们也许也能找到那些与即视感相关的奇怪经历的源头。

斯万森也将共振看作是理解现实几个层面的同步性的关键。理论上，同步化允许不同层面之间进行交流，还创造出“同步宇宙模型”（SUM）。总而言之，“同步宇宙模型”认为：“宇宙中的所有粒子都在相互作用。”但该理论进一步认为，远距离物质通过光子的运动与局部电子发生作用，这种联系体现了马赫原理，即远距离物质决定了局部惯性和局部力量。这与一天里50次看到数字10有什么关系呢？斯万森相信，马赫原理是对现实、物质和能量的关联性的基本观点。局部力量可以追溯到空间中的远距离物质。

根据斯万森的观点，通过共振和连贯性，不同层面的宇宙可以“保持同步”，允许物质和能量之间的交叉，更不用说发生超自然现象的可能。这种观点也表明，不同事件在不同空间，甚至时间框架中发生的能力可以“保持同步”，进而创造巧合的奇迹。因此，时间提示现象也许是来自不同维度的时间和空间。

斯万森认为，与其他层面的宇宙保持同步的宇宙“好比是一沓纸中的一张纸。每一张纸都有其独特的频率或者相位，这是该体系中电子同步运动的特点。其他的纸张代表了‘平行现实’或其他的‘平行维度’，也许相同的空间和时间共存于其中，却感觉不到对方”。但是在两三张“纸”的相位锁定之后，不同宇宙间的相互作用是同步进行的。如果这些纸张没有保持同步的话，纸张之间就无法产生关联，事情将显得十分正常，具有偶然性，而不具有令人吃惊的关联性。斯万森表示，意识“通过平行的维度而相互关联。因此，意识可以影响和减少量子噪音。意识甚至可以使平行现实之间的运动同步进行。这样一来，更高的力量（微细能量）就随之产生，能量也可以从其他维度中获取”。

当粒子在自己的“纸”上同步时，粒子遵循那张纸的物理法则。但是，当粒子与相应纸张的粒子同步时，“就可能发生最令人捉摸不透的超自然效果”。这是个有趣的理论，确实与量子物理学和理论物理学的许多观点一致，这也能解释不同事件为何在正确的地方和正确的时间同步进行。如果事实真是如此，那么所有事情都不是偶然发生的，而是由某种带有更深刻内涵的智能设计所决定。心智或意识本身的行为也许与纸张体系相似，思想和理解从客观智能状态进入主观智能状态，然后明确表达出意义或者将其扔在一旁，置之不理。信息从各种角度，甚至是其他层面的现实出现在我们面前，但是我们基于生存的需要选择对我们重要的信息。时不时地，某个想法和理解也许会一把抓住我们的衣领，提醒我们现实世界可能不仅仅是肉眼所看到的那个世界。

在下一章中，我们将提出反面论点，对同步性的概念提出一点反对意见。但是正如作家詹姆士·雷德菲尔德在改变了很多人的思想和生活的著作《塞莱斯廷预言》中所写的那样，这是“第一个顿悟理论：神秘的巧合事件导致我们对地球生活的内在奥秘重新进行考量”。

撰写本书的时候，本书的一位作者无意间读到一篇文章，内容是关于老鼠体内某条染色体上的基因，该基因也许对DNA有修复功能。知道那个染色体的编号是多少吗？11！这难道是巧合吗？也许吧。但在创作一本集中讨论数字11的著作时，我们也许会感动地露出微笑，将其与“宇宙的笑声”的意义联系起来。此事发生的时间简直是完美无缺。

涉及同步性的时候，时间的选择是最重要的。

8:8 第八章 只是六个数字吗？

上帝创造了整数，其他数字都是人类创造出来的。

——利奥波德·克罗内克

世界上有许多理论认为：整个宇宙的基础是一小组精选数字——一些数学等式，描述了带有复杂美感和极为高效的细节的整个现实世界。长期以来，物理学家们都试图揭示不可思议的“万有理论”（TOE）。这个难以捉摸的理论能够使四种根本力联系成为一个完整的整体，这四种根本力是引力、电磁力、强核力和弱核力。世上也存在着其他关于宇宙框架的理论。其中之一就是“信息理论”（IT）。信息理论将宇宙看作一台电脑，它以越来越快的速度处理信息，并制造出新的信息来不断扩展我们所看到和经历的现实。由于长时间对改变的抵制，科学家们只是现在才开始公开讨论他们对信息理论的想法。

但在我们深入了解信息理论、展现宇宙如何像计算机处理器那样运转并提出“现实”不过是由能够塑造物质的“零碎信息”构成这一观点之前，我们要先了解一下创造了宇宙本身的数字的重要性。

六个数字的理论

在《宇宙的六个神奇数字》一书中，马丁·里斯爵士（剑桥大学英国皇家学会教授和皇家天文学家）提出了一个颇为大胆的观点，解释了六个基本数字如何能够解释物理宇宙的整体。这些数字具有“恒常的数值，描述和界定了一切事物，从原子结合的方式到宇宙中物质的数量”，这些数字在创世大爆炸的时候就已经存在，由此引发宇宙进化的过程，创造出大小恒星和星系，以及控制物质和力量的所有必要的能量状态。“数学法则构成了宇宙结构的基础——不仅仅是原子，还包括星系、恒星和人类，”里斯写道，“科学通过辨别自然中的模式和规律而不断进步，因此越来越多的现象被纳入基本的范畴和定律。”里斯继续写道，理论家的目标是，未来某一天，“用一套统一的等式来概括物理法则的本质”。

里斯和越来越多理解他的工作的研究者相信，这些数值非常敏感，只要某一个数字稍有差池，就不会有恒星的存在，因此也就不会出现生命——至少不会出现我们今天知道和认识的生命形式。里斯认为，这六个数字如此关键是因为“其中的两个数字与基本力有关；另两个数字决定了宇宙的大小和整体‘结构’，还决定了宇宙是否会永远继续下去；还有两个数字决定了空间本身的特征……”里斯告诉我们，如果选择的数字不同于这六个基本数字，就会产生一个完全不同的宇宙，甚至是毫无生机的宇宙。

下面列出塑造了宇宙的六个基本数字：

1. 纽埃（Nu），“N”，一个巨大无比的数字，数值是

10的36次方。该数值是个比例，是将原子凝聚在一起的电动力的力量与地心引力（10的37次方）相除的结果。如果这个数字变小，就算只是少几个零，宇宙的寿命也会大大缩短，生物进化都不可能发生。正如里斯所说，一个短命的宇宙意味着，没有哪个生物能长得大过昆虫，因为没有时间允许生物进行进化。那样的话，地球将变成一个虫虫世界。

2. 伊普西隆（Epsilon）[①]，0.007，又是一个比率，这是当氢融合成氦的时候所释放的能量的比率。这个数字表现了原子核结合在一起的力量有多么紧密，以及地球上的所有原子是如何被创造的。伊普西隆的数值控制着太阳的力量，以及恒星如何将氢转化成元素周期表中的所有原子。恒星上发生的化学反应使得碳和氧成为常见的元素，而金和铀却十分稀少。假如这个数字是0.006或0.008的话，里斯认为我们很可能就无法在这个世界生存。他又一次强调，即使是最细微的调整，也会产生与现在的宇宙截然不同的宇宙。

3. 欧米伽（Omega）[②]，宇宙数字1测量了宇宙中物质的含量——星系、漫射气体和暗物质。欧米伽指的是万有引力对宇宙中扩张能量的相对重要性。根据里斯的观点，欧米伽水平太高，宇宙很快就会崩溃；水平太低，则不会形成任何星系。创世大爆炸的暴胀理论认为欧米伽应该是1，但天文学家还没有测量出其准确数值。一些科学家认为，宇宙扩张的最初的速度是“创造性智慧”的征兆。

---

① 希腊字母表的第5个字母。

② 希腊字母表的第24个字母。

4. 蓝达（Lambda）[①]，发现于1998年的宇宙的反重力。这是个极小的数字，似乎控制了宇宙的扩张，但是，它对短于十亿光年的范围不产生任何影响。如果蓝达数值变大，其效果将是阻止星系和恒星形成，宇宙的进化过程将“还未开始便被扼杀”。
5. Q＝ 1/ 100000。所有宇宙结构（例如恒星、星系和星系团）的开端都早已存在于创世大爆炸中。我们宇宙的结构或质地，取决于这两种基本能量的比例的数字。如果Q变小，宇宙将毫无生气，不存在任何结构；如果Q变大，宇宙将是一个十分猛烈的地方，巨大的黑洞占据主导地位，恒星和太阳都无法存在。
6. 德尔塔（Delta），3，世界的空间维度。里斯认为，生命智能存在于三维空间中，二维和四维都不行。人类对这个数字的了解已经有几千年的历史，但现在世人以一种全新的方式对待它，特别是从超弦理论的角度。该理论认为，最根本的潜在结构是振动的超弦在一个潜在的十维“领域”里操作。

迄今为止，里斯及其同事还没找到所有这些形成万有理论的数字之间是否存在某种伟大而明确的联系，也许这个理论并不存在，但这些基本的比率和数字确实构筑于彼此之上而绘制出了“宇宙蓝图”。这些“拼图”也许可以用来描述宇宙及其各种力量的本质，且必然证明了这样一个观点：在所有这一切的表面下，有一个宏伟的计划或设计体系在发挥作用。我们人类就是明证。

① 希腊字母表的第11个字母。

宇宙究竟有多微妙？

若某个地方稍作改动，我们人类便不会生存。一想到此，就觉得十分恐怖。以下便是该论点的一些解释……

如果“强核力常量”变大，氢就无法形成，大多数生命不可缺少的元素中的原子核就不稳定……结果是，生命无法存在。如果该常量变小，比氢重的元素就无法形成，生命还是无法存在。

如果“弱核力常量”变大，创世大爆炸的时候，会有太多的氢转化成氦，恒星就会将太多的物质转化成重元素，生命也因此无法存在。如果该常量变小，会产生过少的氦，恒星会将太少的物质转化成重元素，生命因此也无法存在。

如果“重力常量”变大，恒星的温度变得太高，随即迅速燃烧，对于生命化学而言变得极不平衡。如果变小，恒星则变得太冷，以至于无法促成核融合，许多生命化学所需元素就永远都无法形成。

如果“电磁力常量”与“地球引力常量”的比率变大，所有的恒星都比太阳大至少40%，恒星燃烧的时间太短，对于生命而言太不稳定。如果该比率变小，恒星要比太阳小至少20%，因此无法产生重元素。

如果电子质量对质子质量的比例变大，就不足以为生命产生足够多的化学键。如果变小，也会发生同样的情况。

如果质子的数量对电子的数量的比率变大，电磁将会控制重力，阻止星系、恒星和行星的形成。如果该比率变小，也会发生同样的情况。

如果宇宙的扩张速率变大，星系就不会形成。如果速率变小，还未等恒星形成，宇宙就已经崩溃。

改编自休·罗斯博士的《创始者和宇宙》

宇宙存在的理由

我们生活在宇宙中，宇宙依赖于之前讨论的那六个数字。在里斯看来，有三点可以解释这个调节精确的宇宙的存在。首先，我们必须要考虑的是这一切可能纯属巧合。也许，我们存在于这个世界上就是因为那些数字如此设置，其中没有任何深意。其次，许多科学家建议，这六个数字的设置复杂而又完美，其本身便支持了存在造物主或"智能设计"的言论。这个理论越来越为知名科学家所接受，已经成为可替代人类长期接受的"进化论"的可行理论。根据智能设计的官方网站（intelligentdesign.org）：

> 智能设计指的是一项科学研究项目，也指一些科学家、哲学家和其他学者在自然界寻找设计的证据。智能设计理论认为，宇宙和生物的某些特性最好用智能理论来解释，而不是毫无方向的自然选择。通过对体系组成部分的研究和分析，智能设计理论家能够明确各种不同的自然结构是偶然的结果、自然法则的结果、智能设计的结果，还是某种结合的结果。当智能媒介起作用的时候，该研究会观察各类所产生的信息。然后科学家试图找到一些源自智能的物体，这些物体具有常见的同种类型的信息特征。智能设计利用这些科学的方法在不同的事物中寻找图案和规律，这些事物包括：极为复杂的生物结构、DNA中复杂而又具体的信息、宇宙中维持生命的具体结构、大约五亿三千万年前寒武纪[①]爆炸期间生物多样性的化石记录。

① 寒武纪（Cambrian），古生代的第一个纪。

至少，这个造物主希望我们人类出现在世界上，而且按照这种具体的想法对宇宙进行了调整。里斯认为：“如果你想象宇宙的建立是通过调整六个‘仪表刻度盘’完成的，那么整个调整过程一定非常精确，这样才产生了能够支持生命的宇宙。”问题是：是何人或何物完成了这项操作？（详情见第十章。）

最后，发生了大爆炸的宇宙也许并不只有我们人类这一个宇宙。也可能存在其他宇宙，宇宙冷却的速度各不相同，微调的方式也各不相同，物理法则也各不相同，最终宇宙中的一切由不同的一套数字进行界定。恰如里斯所言：“这也许不是一个‘经济’的假定——实际上，没有什么能比产生多个宇宙更‘奢侈’的了——但这是从一些（尽管是推测的）理论而来的自然推断，开启了认识我们的宇宙的新视野，就像一个‘原子’从漫无边际的多元宇宙中挑选出来。”

举例来说，描述了宇宙浓度的数字“欧米伽”如此复杂和精确，我们因此能够生存在这个世界上。很难想象，如果这个数值稍微高一点，那么我们的宇宙从一开始就无法扩张，地球引力将狂乱无序，最终导致发生所谓的“大挤压”，而不是“创世大爆炸”。如果现在物质质量的数值低一些，重力就永远都不可能有机会使各种粒子相互联系，相互作用，构成物体，最终形成生命。这些调节是否就是在“创世大爆炸”的时候物质和能量分开的结果？这种复杂的结果是否早已编码在宇宙形成的大爆炸之前的计划中了？创世计划又是何时由何方神圣或何种东西写就的呢？下面让我们从“N”开始说起。

N

数字N决定了宇宙的范围可以有多大。如果实际情况超过或低于这个数值，重力也许会超过电动力，宇宙就不复存在了。如果万有引力比我们所知的还要强大，我们的现实世界也许会大为不同，我们会看到宇宙中出现更多的黑洞。这肯定不是一件好事！电磁力和重力之间的关系调节得如此微妙，使得一切都能保持本初的样子，从最小的物体到最大的物体，无不受到各种物理法则的控制，各种事物也因此能够凝聚在一起。即使进行非常细微的调整，世界亦将乱成一团。

这六个基本数字中，每一个似乎都对我们生活的宇宙的“正确性”至关重要，这种正确性使一切完美地结合在一起，发生各种各样的事情，事物之间相互作用，最终产生生命，至少在我们这个小星球上是如此。英国天文学家詹姆斯·基恩斯说过：“宇宙似乎是由一个彻头彻尾的数学家设计的。”掌管运动、重力、作用力和物质的法则都是数学法则，这些法则以它们为基础，赋予自然以秩序，构成所有物理现实的基本原则。“天文学”（astronomy）这个词的意思是“恒星的法则”，这些法则的基础也是数学。连备受尊崇的十三世纪学者罗杰·培根也认识到，自然法则的基础是数学法则。根据经典的《百科全书》，培根在《大著作》中说过下面这番话：

> “第四部分”（第57至255页）包含了一篇数学方面论证翔实的论文，名叫“哲学的字母表”，该文认为所有的科学最终都以数学为基础，只有当科学事实归入数学原则下面，才能发展下去。为了解释这种富有见地的想法，他展示了几何学如何在自然

天体的运动中，通过几何图形来展示物理力的某些法则。他还展示了如何借用他的方法来理解一些被人长期讨论的古怪问题，例如星星的发光、潮水的涨落、平衡的运动。他接着举出详细而又略显古怪的原因，来证明数学方面的知识对于神学至关重要，这篇文章的结尾处给出了他对地理和天文学的综合性概述。地理方面的总结写得精彩而有趣，哥伦布也仔细阅读过，他是偶然间在佩特鲁斯·德·亚利亚克的《世界形象》中读到这些的，而且深受文章观点的影响。

在《金发姑娘之谜：为什么宇宙如此适合生命？》一书中，作者保罗·戴维斯认为："古人是正确的，在复杂的自然的表面下，潜藏着另一个剧本，用微妙的数学密码写就。这个宇宙密码包含着宇宙运行所遵循的秘密规律。"戴维斯也是《上帝的大脑》一书的作者，他在书中提醒我们，伽利略和牛顿这些历史早期的科学家相信，通过揭示自然结构后面的模式，他们可以瞥见上帝的心思。这种宗教的求索如同当代科学家更新式的思想，他们中许多人没有宗教信仰，戴维斯说："自然运行方式的背后存在着某种智能剧本，如果对此表示怀疑，就会伤害到科学家从事研究的动力，这种动力是要揭示这个世界上意义重大而我们却一无所知的东西。"

戴维斯相信，科学实际上"揭示了这一潜藏的数学领域的存在"。他接着表示，我们人类一直都"对宇宙最深层次的运作方式充满好奇心"，与观察到这些运作方式的动物不同，我们人类自己是有能力揭示这一切的。

数字还是乌龟?

有一个故事常常被认为是出自伯特兰·罗素或十九世纪美国哲学家威廉·詹姆斯①之口。故事围绕着一场有关宇宙本质的演讲展开。演讲进行到一半，一名坐在后排的女子站了起来，对演讲者高声呵斥，而且十分自得地表示，她知道宇宙是如何构成一个整体的。她是怎么说的呢？她的观点是：地球由一头巨象驮着，而巨象则站在一只巨大的乌龟的背上。大吃一惊的演讲者问她那只乌龟又是站在什么东西上的。女人厉声应道："你是个聪明绝顶的年轻人，可你蒙不了我！乌龟下面踩的是一摞乌龟呀！"

关于宇宙的本质，存在着许多理论和阐释，就像上面这个乌龟理论，最后一定要有"解释链条的终结"。要解释一个理论，一定要有开始和结尾，要有起点和终点。讲座中的那个女人显然觉得，无数个叠加在一起的乌龟是非常理性和合乎道理的解释，或者也许正如保罗·戴维斯在《金发姑娘之谜》中表示的那样，宇宙中有一只悬浮在空中的超级乌龟，其他乌龟都站在它的背上。当然，我们可以觉得这个概念很可笑，但它却说明对现实的本质进行理论化是多么的困难！也许应该笑的是我们自己。

宇宙……以及更远处!

随着我们不断在宇宙学研究中取得进展，随着我们探测太空深处

① 威廉·詹姆斯(1842—1910)，美国心理学家和哲学家。作为机能心理学的创始人和实用主义创始人，他提出的思想指导行为的观点极大地影响了美国人的思想。著作有《信仰的意愿》（1897）和《宗教信仰经验》（1902）。

的能力不断改进，其他比例和数字也许可以补充进来，以完善宇宙的结构框架。这六个最初的基本数字也许可以为多维度弦和平行宇宙提供诸多可能性。里斯本人就支持多元宇宙论，这个观点在理论物理学家和量子物理学家中越来越受到欢迎。《高能物理学国际期刊》中提到："存在多个宇宙的观点不是凭空的想象。它很自然地出现在几个理论中，需要我们认真对待。"这份期刊接着表示，"这种多元宇宙的世界——如果是真的——会给我们对物理学的深层次理解带来巨大的改变。物理法则将作为某种现象重复出现；宇宙本体论的入门书必须得重新改写。在多元宇宙体系中的其他宇宙会有其他物理法则、其他常量、其他维度数量；我们的世界只不过是一个微小的世界。继哥白尼、达尔文和弗洛伊德之后，这可以是第四次自恋性伤害。"

简单地说，不同的宇宙可能是以不同的速率形成，以不同的速率冷却，因此遵循的法则、数字和比率与我们的宇宙也不尽相同。因此，我们的大爆炸理论可以是许多理论之一（M理论①的一部分），由处在扩张和演化之核心的一套具体的数学元素创造而成。在我们的宇宙里，这六个宇宙数字是唯一关键的因素，使我们免于成为那些还未调整成形的宇宙，在那些宇宙中，没有什么东西经历扩张、形成、结合……如同未能在正确的时间、正确的地方，做正确的事情！形成和塑造了我们的现实的亚原子力之所以存在，是因为大爆炸之后，宇宙扩张速度得到了恰到好处的调整。对这六个数字的敏感似乎在物理定律中尤为明显，这些物理定律控制了星系、恒星的形成的过程。

毫无疑问，这并没有解决问题，而是提出了更多的问题。秩序的数学本质引发的最大的问题是：这些数字背后是否真的存在某种"智

① M理论是为"物理的终极理论"而提议的理论，以期借由一个理论来解释所有物质与能源的本质及交互关系。

能”？这是不是一个稳定的体系？对于熵[①]、无序和混乱之类的概念，是否还留有空间？这些数字协调一致，创作出能够将它们联系在一起的潜在公式，却回避不了这样一个问题：是谁或是什么对它们进行了“调整”？所有这六个数值背后的数学公式如此精确，我们由此认为整个现实的创造力量是一台巨大的计算器，或许是一台计算机。我们先将宇宙看作一台计算机，然后再来问那些烦人的问题：谁是主编程员？谁编写了最初的语言？

宇宙是一台计算机

许多优秀的数学家、宇宙学家、天文学家和物理学家常问的一个问题是：

宇宙是不是一台巨型量子计算机？

为了解释宇宙极为繁复的特性，许多科学家认为科技时代能够带领我们寻找宇宙“填充物”产生的原因。该理论的基础是，粒子和粒子之间的相互作用不仅传递了能量，也传递了信息。信息的字节。

零碎的信息。

“宇宙是最大的东西，比特是最小的信息集合。宇宙由比特构成。每个分子、原子和基本粒子[②]都记录着零碎的信息。宇宙这些部分的每一次相互作用都通过改变信息集合来处理信息……宇宙是一台量子计算机。”塞思·劳埃德教授在《为宇宙编程：一位量子计算机

---

① 熵（entropy），物质系统状态存在可能性的量度，是描述热力学系统状态的一个物理量。熵标志热量转化为功的程度。

② 基本粒子，任何组成物质和能量的次原子质点，特别是被假设或被认为是物质的不可再缩小的组成部分。

科学家与宇宙的较量》中如此写道。在接受“埃奇基金会”采访的时候，劳埃德教授表示：

> 自麦克斯韦之后的一百多年里，有一个广为人知的事实：所有物理体系都在记录和处理信息。例如，我面前的这条小尺蠖约有阿伏加德罗[①]常数数量的原子。根据玻耳兹曼的理论，它的熵约为阿伏加德罗常数的比特。这意味着，需要阿伏加德罗常数的信息数量来描述这个小东西，以及每个原子和分子是如何在它周围进行跳动。每个物理体系都能记录信息，随着时间的流逝，它改变那些信息，转换那些信息，或者也可以说，处理那些信息。

如同一个巨大的信息处理系统，宇宙是否可能通过大爆炸和不断计算而最终得以形成？这种最初的计算完成之后，也许又将最新计算出来的信息与最初编写的信息结合在一起，然后“它”又一次以循环的模式重新进行“处理”，结果就是不断创造出“材料”的雪球效应，“材料”的种类也不断增加，不断扩大。

原子和其他基本粒子的形成可以包含具体数量的信息，随着宇宙通过处理该信息创造出更多粒子和物质，它也遵循了物理、化学和生物学的定律——即控制结构行为和其他物理元素的所有已知的定律。与一个巨大的计算体系相似，对一些人而言，宇宙似乎具有“剧本性质”，用塞思·劳埃德的话来说：“不同的星星演员在不同的地方不断表演同样的星星戏剧。”

---

① 阿伏加德罗（1776—1856），意大利化学家及物理学家，他发展了后来被称为阿伏加德罗定律的假说。以这个假说出发，其他物理学家计算出了阿伏加德罗常数。

在计算机宇宙体系里，熵相当于“需要明确原子和分子随机运动的信息”。这些运动幅度太小，无法用肉眼观察或测量，因此劳埃德认为，熵也可以被描述成我们在物理体系中无法看到的信息——存在于我们的视觉感知之外的信息。熵也决定了一个体系有效的热能量。熵是热力学第二法则的一部分，该法则认为，宇宙中熵的总量不会减少，但是无法使用的能量会增加。一种思考熵的方式是设想它在数量上与描述或量化跳动原子所需的比特数量相对应。热本身是跳动背后的能量，熵描述了原子跳动背后的信息。

宇宙作为一台巨大的电脑，将所有一切元素加工处理成我们能够看到的物体——即一个行星——所需要的信息数量大得惊人。不过形成一个电子所需的材料也需要数量大得惊人的信息，而且大部分信息还存在于我们的视力范围之外。“最终，”劳埃德写道，“信息和能量在宇宙中发挥了互补的作用；能量使物理体系得以运转。信息给这些体系不具体命令。”

现实世界、信息物理学和信息之间的这种相互作用是宇宙本身的“计算本质”的舞蹈。二十世纪中期，一些著名科学家，例如哈里·奈奎斯特、克劳德·香农[①]、诺伯特·维纳[②]以及他们的同事，运用数学论据设计和制定了该相互作用的数学本质背后的理论，用以创造出具体事物所需信息的实际数量。这方面的一个例子是将交流的信息通过电话线传出去所需要的比特数量。这些研究者发明了现在我们所知的信息理论，后来詹姆斯·克拉克·麦克斯韦[③]和路德维希·玻耳

① 克劳德·香农（1916— ），美国应用数学家，提出信息论，为数学研究开辟新的途径，著有《数学通信理论》。

② 诺伯特·维纳（1894—1964），美国数学家，著有《控制论》《控制论和社会》等。

③ 詹姆斯·克拉克·麦克斯韦（1831—1879），英国物理学家，创立电磁场理论，指出光的本质是电磁波，发展了色觉定量理论，最早制成彩色照片。

兹曼又对其做了进一步的改进。

在采访“怪点子”网站创始人杰森·科兹莫维基的时候，塞思·劳埃德将宇宙描述成“一台高声鸣响的巨型量子机械电脑”，意思是宇宙本身不过是一种模拟，精确得让我们很难将之与现实区分。尽管这听起来很像“矩阵”，但宇宙相当于一台量子计算机这个概念说明，散屑（decoherence）是理解我们所看到的现实的钥匙。当量子比特散开，或者在处理过程中选择了另一条路径时，就会出现和形成具体的结构。根据量子宇宙模型说的观点，这使得宇宙具有“被编程”的样子。该体系中具体的选择，就像电脑中具体的运行一样，使得某些信息被使用，而其他信息却没被使用，最终的结果是出现了我们看到和感知的一切东西，从原子到黑洞。不同的选择会产生不同的宇宙。

在《解码宇宙：新的信息科学如何解释宇宙中从我们的大脑到黑洞的一切》（此书可以拿“最长书名奖”）中，作者查尔斯·席夫探讨了宇宙计算机这一概念。与越来越多的研究者一样，席夫相信，这台计算机将它自己和整个现实进行编程，使两者出现在世界上。真是一个令人头晕的观点！

席夫关注信息的物理性，将信息理论看作是一种理解宇宙中奇特原则的方式。在他看来，信息是“物质和能量的具体特性，可以量化和衡量”。但是这种信息会受到物理定律的影响，这些定律与在自然科学的其他领域一样，决定了作为信息的质量和能量的行为。

所有信息都需要传输和交流，在空间传播信息的过程需要使用能量，所有能量都经过测量及精确的编程，从而产生一套有编码的具体信息，最终转化成行星或恒星。宇宙因此可以成为摩尔定律的追随者梦寐以求的最快、最高效的计算机。摩尔定律由戈登·摩尔于1965年提出，他是英特尔公司的发起人之一。他认为，集成电路（IC）上每平方英寸的晶体管总数，自集成电路发明以来，每年都会增加一倍。作为计算能力的衡量标准，摩尔定律的基本观点是，计算能力约每两年就会增加一倍。想象宇宙计算机体系中计算能力的数量以这种速度加倍增长！单单信息容量本身就让人瞠目结舌，信息滚雪球般增加，从而获得更大的容量。该体系潜在的力量和速度的确不可思议。

但这些还是没有解决问题的实质——是谁或什么在操作这个编程?

再回到多元宇宙的理论，我们也许会问，每个宇宙是否都有自己的程序和编程员，或像《绿野仙踪》一样，在幕帘之后是否有个主程序或主编程员？信息理论的主要支持者试图理解信息的力量，而这些问题便是他们所要面临的挑战。

圆周率

将六个基本数字和信息理论置于一旁，还有一个数字所包含的信息要比其数量值更加深刻。圆周率，或3.14，只不过是圆的周长与直径的比率。pi是希腊字母表中第16个字母。在希腊数字体系中，pi的数值相当于80。

Ππ

圆周率的符号全世界都一样，符号背后的意思也都一样。

圆周率源自希腊语periferia（意指“周长”），用希腊字母p来表示，这个简单的无理数历史悠久，一些学者认为其源头已经无法考证。圆周率不仅是个无理数（不能用两个不同的整数之比来表示，小数点后面的数字不会停止，也不会重复出现），它还被称作“超越数”。维基百科将超越数描述成“一个不是代数数的复杂数，即不是有带理系数的非零多项式方程的解。换言之，超越数是那些非产生于普通代数式的数字”。

圆周率确实是个有趣的数字，但其神秘的特性很可能来自这样一个事实：它是我们可以在历史中追根溯源的最古老的数字。一些学者认为阿基米德是第一个真正用理论著作介绍圆周率的人，而其他数学家在历史长河中不断添加他们对这个简单数字的理解。圆周率最有趣的一点是，它能够计算巨大球体的圆周。由于圆周率小数点后面的数字无限延长，这种计算可以达到极高的精确度。

圆周率是个非同寻常的数字。马丁・里斯在书中写道，对来自另一个宇宙的外星人来说，圆周率与欧米伽Ω、德尔塔Δ和其他数字一样非同寻常。圆周率代表了一种关系，这个比率永远具有相同的数值，不管你身处哪一个宇宙，也不管你测量的物体大小如何。圆周率就是圆周率，不会因为你去的地方不同而发生改变。该类型的常量是我们宇宙构造的一部分，也许也是其他宇宙的重要构成成分。

众所周知，圆周率是个有“争议”的数字，人们为了解释它提出了各种各样的假设。根据《DNA中的赫尔墨斯编码：宇宙秩序的神圣原则》的作者迈克尔・海耶斯的观点，圆周率与音乐、和声学和DNA都互有关联。他提到“数学传统的圆周率”相当于22/7，是“三重八度音阶”（triple octave）的符号，是古埃及人非常了解的方程式，古埃及人除了在建造金字塔的时候使用了圆周率，还将其融入日常生活中。海耶斯认为，同样的关系也出现在其他金字塔结构中，例如特奥蒂瓦坎金字塔和墨西哥金字塔，甚至是英国巨石阵。圆周率听起来是不是一个神圣的数字呢？

根据海耶斯的观点，圆周率与音乐的关联是“为了表达7的定律和3的定律——由22个音符构成的三重八度音阶”。海耶斯表示，每一个八度音阶也都由三重“内部”八度音阶组成，总计九重八度音阶和“64个基本音符，即常数8的平方”。海耶斯将其称作“赫尔墨斯编码”，并表示这是一个普遍适用的公式，可以在任何地方看到，其中包括我们自己的DNA结构。

“数学圆周率”的数值接近3.14159。“古代圆周率”的数值是3.142857……尽管如此，海耶斯和其他研究者发现的圆周率与和声学的基本元素之间的对称似乎也出现在基因编码的结构中，这一点会在第十章进一步探讨。海耶斯写道：“我们知道，赫尔墨斯编码基本上用三重创作法则表达出来，该法则认为世间万物都由含有三重体的三重体构成。这意味着，圆周率中的三重八度音阶本身就含有三重八度音阶，总共有九重八度音阶，或64个音符——这就是核糖核酸（RNA）密码子组合的数量。”

这一点意义深远，海耶斯因此写道：

> 细胞这个小宇宙中的基因编码和人类大脑的大宇宙中的赫尔墨斯编码完全一样，虽然我们人类无法得出明确的结论，但这一事实至关重要。实际上，这让我们想起至尊赫尔墨斯[①]的箴言，铭刻在传说中的《翠玉录》上：“如其在上，如其在下。”

我们立刻从中获得启示，DNA螺旋线和功能健全的人类大脑之间唯一的区别不过是规模大小而已。如果人类大脑是某种玄学的“螺旋

① 至尊赫尔墨斯，古埃及智慧之神，相传曾著有巫术、宗教、占星术、炼金术等方面的著作。

线”，那么它应该是大得多的、多维的“生物体”（也许是我们自己的银河系）不可缺少的“细胞核”。

圆周率的伟大再一次表明，在我们看到和没有看到的一切事物背后，都是以数学原则进行的结构化度量。我们生活的结构和基础，以及我们如何测量周围的现实世界，完全取决于数字。但是，这种依赖性深刻地揭示了在如此巨大和精确的信息和秩序的数学背后存在一种力量。在第十章中，我们将进一步探讨数字神秘的创造性和形成性本质，以及为何有人说上帝或“原创力”本身是个数字。但是首先，让我们唱唱反调，提出一个也许是至关重要的问题：数字真的如此重要，还是我们小题大做了？

9:9 第九章 数字的麻烦

理性最后的功能是认识到

有无穷多的事物超出了人的理解力。

——布莱塞·帕斯卡[①]

正如我们在前几章中看到的那样，数字和数学属性几乎在我们生活的方方面面都起到了不可或缺的作用。数学定律也许还是整个现实世界的基础。宇宙可能仅仅用六个数字就能描述清楚。物理定律也许就是地球定律。这个看似简单的概念难道不会给我们复杂而繁忙的生活带来耳目一新的变化吗？如果我们只注重数字及其特性的表面，生活也许就不会那样……怎么说呢……复杂。

但这个建议并不一定意味着数字永远都是我们想象的那样神秘莫测，不同凡响。在这种情况下，若任何优秀作家或优秀写作团队错过唱反调的机会，那就是一种失职。就算涉及数字及其深邃的神秘性，我们还是要明白，还有其他定律能够解释复杂的因素，化繁为简。还

① 布莱塞·帕斯卡（1623—1662），法国数学家、物理学家、哲学家，概率论创立者之一，提出密闭流体能传递压力变化的帕斯卡定律，写有哲学著作《致外省人书》《思想录》等。

记得我们的朋友奥卡姆的威廉和他的奥卡姆剃刀定律吗？若其他情况都相同，一般说来，最简单的解释就是正确的解释。

许多与数字相关的更世俗的定律是数学家和科学家出于好奇而发现的。他们对研究过程中显示的某些模式和频率的“神奇”属性不满意，结果发现了这些定律。

帕斯卡三角形

比如帕斯卡三角形。这是数字的一种几何学排列，即用三角形来表现“二项式系数”。简单来说，“在数学中，二项式系数是二项式幂（$1+x$）^{n}的多项式展式中x^k项的系数。任何有n个元素的集合，由其衍生出拥有k个元素的子集，即由其中任意，k个元素的组合，共有$\binom{n}{k}$个。”这段文字摘自维基百科，要想将这个概念解释清楚可能需要整整一本教科书，但我们对帕斯卡三角形的兴趣要远远超过它本身的价值。

1

1 1

1 2 1

1 3 3 1

1 4 6 4 1

1 5 10 10 5 1

1 6 15 20 15 6 1

1 7 21 35 35 21 7 1

帕斯卡三角形一至七排。（图片来源：维基百科）

这个有趣的三角形以布莱塞·帕斯卡的名字命名，1655年他第一次在书中记录了自己利用这个三角形解决概率论中出现的问题。但其实，这个三角形很早之前就已经有人研究和介绍过，最早可以追溯到十世纪一部以梵文写就的评论性著作。这部著作首先将帕斯卡三角形的历史追溯到公元前五世纪，印度数学家巴特帕拉后来扩充了三角形里的数字。波斯数学家卡拉基和天文学家、数学家奥马·海亚姆在公元953年至1131年间又继续扩充三角形里的数字，因此这个三角形又多了一个名字——“海亚姆三角形”。

在十三世纪中国数学家杨辉的努力下，中国也有了自己的帕斯卡三角形，即今天的“杨辉三角形”。后来，意大利代数学家尼可罗·丰塔纳·塔尔塔利亚赋予这个三角形以新的内涵，开发出一个能够解决“三次多项式”的公式——他进行相关的研究工作要比帕斯卡早了整整100年！为了表示对同胞的敬意，意大利人将之称为“塔尔塔利亚三角形”。

有趣的是，与圆周率相似，帕斯卡三角形是一个“公式序列”，用数字来描述反复出现的颇为神奇的模式，古代的数学天才还发现：斐波纳契数字就嵌在这个三角形之中。有人也许将之看作“数学谜团”，但它的背后却存在着稳定的数学特性。

帕斯卡三角形确实含有一些令人大开眼界的模式：

- 如果只看其中的奇数，你会发现数字的排列形式极像一个名叫“谢尔宾斯基三角形”[①]的分形体，横排上的数字增加得越多，就越符合谢尔宾斯基三角形。

① 一种分形，由波兰数学家谢尔宾斯基在1915年提出。

- 如果每一排的每一个数字都被看作是小数位数，并移除大于9的数字，那么每一排数字的数值将是11的乘方。在这里，数字11又一次在数学模式中发挥了重要的作用。
- 从特定角度跳过某些数字，你会得到斐波纳契数字的总和。
- 左边和右边的斜线上只有数字1。
- 与最外侧的斜线相邻的斜线上，是按照顺序排列的自然数。
- 在第二个数字是质数的一排数字中，除了第一个数字1之外，那一排的所有数字都是第二个数字的倍数。

根据网站GoldenNumber.net，帕斯卡三角形还具有以下这些有趣的特点：

- 水平排的数字相加的总和是2的n次方（即1，2，4，8，16，依次类推）。
- 水平排的数字若看作一个整体，则代表11的n次方（即1，11，121，1331，依次类推）。
- 将斜线1-3-6-10-15-21-28…上的任何两个连续的数字相加，得出的结果是完全平方数（即1，4，9，16，依次类推）。
- 这个三角形能够帮助我们找到概率问题中的数字组合（例如，如果你从5种东西中任意挑选2种，可能的组合数量是10，这个结果就在第5排的第2个位置上。不要算上数字1）。
- 当任何一排的数字1右边的第一个数字是个质数时，那一排的所有数字都可以被那个质数整除。

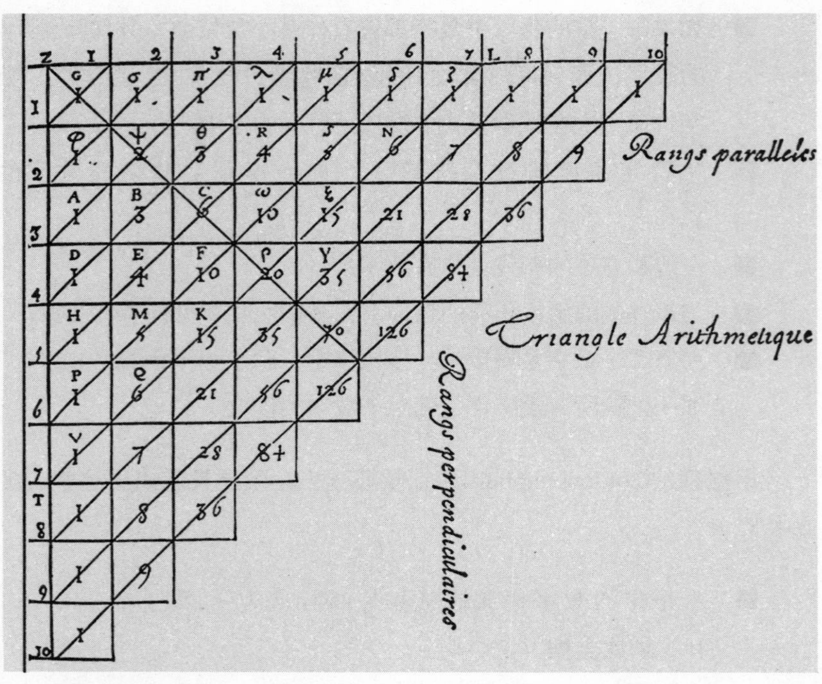

布莱塞·帕斯卡的帕斯卡三角形的手写公式。（图片来源：维基百科）

与斐波纳契数列相似，帕斯卡三角形也确实暗示了其构造背后具有“更高”的智慧。尽管数字似乎有自己的法则和规律，但许多数学家和科学家不相信数字具有神秘的力量。也许他们是目光短浅，因为神圣的数字和数字提示现象都无法令他们相信数字具有神奇的力量。或许数字的神秘法则和规律比我们想象的还要平淡无奇。

下面是我们在一家名叫Plus.Maths.org网站上找到的对这个理论的挑战：查看一连串自然生成的数字，例如世界上一些河流的长度、秘鲁各省份的人口大小或比尔·克林顿的纳税申报单上的数字。在那些自然生成的数字中抽取一些数字，看一下首位（忽视0）。然后数一下有多少数字以1开头，多少数字以2开头，多少数字以3开头，以此类推。

本福德定律

你也许会认为，最终结果是第一个数位应该出现各种不同的数字，以1至9开头的数字的分配比例应该是1/9。是这样吗？这是你得出的最后结论吗？

告诉你，这个结论是错的。第一个数位上的数字并没有平均分配，事实上，最常见的第一个数字是1，而最不常见的则是9。不管你相信与否，世界上有一个准则来描述这种情况——“本福德定律”，亦称“首位数字定律”。该定律认为，一组实际生活中的数据中首位数字的出现几率遵循着某种特定的模式。

加拿大裔美国天文学家和数学家西蒙·纽科姆（1835—1909）被认为是第一个注意到该惊人法则的人。他在1881年发表的论文《关于自然数中不同数位的使用频率》中，讲述了他的发现。纽科姆的发现虽然重要，但物理学家弗兰克·本福德在他的研究中发现了同样的模式之后，才于1938年最终根据事实进行了推断。本福德在现实生活中抽取了一些数据进行实验，为的是证明后来以他的名字命名的这个定律是否正确。他收集了大量数据，其中包括《美国科学人》中头342个科学家的地址。根据他的分析，他发现大约30%的数字都从1开始，18%的数字从2开始，以此类推。这种模式也在其他数据集中出现，例如，棒球数据、死亡率、短袜价格、家庭地址和电费账单，但本福德不知道如何解释为何会出现这种规律。

到了1961年，美国科学家罗杰·平卡姆继续对这个问题进行研究。平卡姆相信，这一规律肯定可以用某种理论解释清楚。他认为，存在一种“数字频率”定律可以为世界所通用——不管是何种形式的数字，即不管是用美元或希腊货币标注的价格，还是用英寸、腕尺或公尺度量的数据，无一例外。平卡姆将这种普适性的规律称作“尺度不变性”，他是第一个提出本福德定律具有尺度不变性的人。反之亦然，如果数字频率的定律具有尺度不变性，那它一定就是本福德定律。

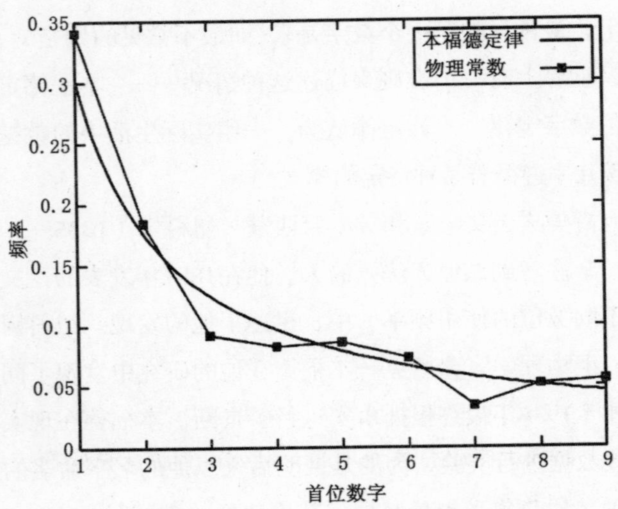

本福德定律与一组物理常数的首位数字的对比图示。

（图片来源：http://physics.nist.gov/constants）

本福德定律在十进制体系中表现出来的从1到9的首位数字的百分比：

1	30.1%
2	17.6%
3	12.5%
4	9.7%
5	7.9%
6	6.7%
7	5.8%
8	5.1%
9	4.6%

本福德定律也被用于许多不同领域的实验，从商业数据和年周转率到基本物理常数。但在使用这个法则的时候，也存在着一些约束条件——数字不能随机选取，例如彩票，数字范围也不能过度限制，那样多种可能性的范围就太窄了。尽管你不能利用本福德定律买到能中五千万美元的彩票，但你还是能够把这个定律用在其他重要的领域。

研究者正在研究如何通过该定律识别纳税申报单和财政数据中的欺诈行为（会计学教授马克尼格里尼就曾利用这个定律对比尔·克林顿的纳税申报单进行过认真的审核，令人惊讶的是，竟然没有发现任何欺诈行为），该定律还有其他用途，例如审查临床试验研究中的不法行为和证实人口模式。

与世上所有美好的事物一样，本福德定律也存在一些具体的限制。尽管该定律无法适用于某些数字，但它是一个非常有趣的数学准则，能够解释某些人眼中的“神秘状况”——在一大组数据中，某个数字的出现要远多于其他数字的出现。

定律、法则和常数

类似的定律和法则还有十几个，它们利用数字来界定、分类和证实世间万物，从计算机处理到大规模分布，再到人类行为。我们没有时间用一章的篇幅将所有这些定律和法则统统介绍一遍，只能简明扼要地介绍主要的几个：

- 阿培里常数——这是一种奇怪的数学常数，产生自各种各样的物理问题。由于计算机的使用和算法的增强，在过去几十年里，阿培里常数的已知数字的数量大幅度增加。
- 二八定律——亦称帕累托定律、关键少数法则和稀疏因子法则。该定律表明，在许多事情中，80%的效果来自20%的原因。根据网站About.com，“1906年，意大利经济学家维弗雷多·帕累托创造出一个数学公式，用来描述意大利的财富分配不公的情况，他发现20%的人拥有80%的财富。二十世纪四十年代末，约瑟夫·M.朱兰博士认为二八定律是帕累托所提，因此将其称作帕累托定律”。
- 幂次定律——任何表现出尺度不变性的多项式关系，该定律出现在大量的自然形态中（这是一种数学表达式，是一个或多个变量的幂与系数相乘的总和）。
- 齐普夫定律——以语言学家乔治·齐普夫的名字命名。该定律认为，单词或其他事物的出现可能性先是很高，然后逐渐减少。因此，一些事物出现的频率很高，而其他同类事物则极少出现。

在众多的法则、定律和常数中，只有几个能够用于科学、计算机技术、商业、物理学等领域，甚至能用来确定地震发生的频率！本书主要围绕数字模式和同步性讨论，因此我们确实找到了一些专门探讨巧合事件的法则，而对于生活中的这些巧合，我们常常赋予精神的意义和个人的理解。

你是否知道世界上有一种法则，认为大约每个月我们的生活中都会出现一次奇迹？这种观点出自利特尔伍德法则。该法则由剑桥大学教授J.E.利特尔伍德在《数学家杂记》中首次提出，为了驳斥关于一些神奇现象具有超自然性的观点。利特尔伍德法则与大数法则有着直接的关系，大数法则认为，当你取样的范围足够大，一切皆有可能发生。我们可以将其看作数学中的墨菲法则[①]。

利特尔伍德将奇迹定义为：“以百万分之一的频率发生的有特殊意义的不寻常事件；在一个人清醒的时候，每秒钟就会经历一件事（例如，看到电脑屏幕、键盘、鼠标、文章等等）；此外，普通人每天大概有八个小时的时间可以保持警觉。因此，根据这些设想，在35天当中，一个人会经历1008000件事情”。如果认可这个关于奇迹的定义，那么每隔35天，我们就会看到一场奇迹。因此，奇迹也许并非我们最初想象的那样不可思议！这么多人在这么多天经历这么多事情，这不仅富有逻辑性，而且远不及宗教机构要我们虔诚祈祷一生中能够

① 美国工程师爱德华·墨菲的著名论断。意指若事情有变坏的可能，不管这种可能性有多少，它都会发生。

出现一次奇迹那般“超自然”。

不过，本书的两位作者不能完全保证该法则在生活中一定有效，但大数法则确实涉及一些奇怪的巧合，例如某人在一年里连续中了三次彩票。但实际上许多各式各样的研究有助于解释这是如何轻松实现的。最有名的一个研究由普渡大学的统计学家斯蒂芬·塞缪尔斯和乔治·麦凯布完成，在《纽约时报》报道一名女子中了两次大奖之后，两人对此进行了研究。根据他们的研究，两次中奖的概率是每四个月有1/30的可能性，每七年有超过50%的可能性。这其实没什么好惊讶的，很可能是因为，买彩票的人每周都会买很多彩票，极大地增加了中奖的机会。

地球上住着超过六十亿的人，某个人（或许有一千万人）今晚做的梦和你今晚做的梦完全一样的可能性很大。也许有一千万人吃的晚饭和你吃的晚饭完全一样，或者和你在同一个时间出生。取样的数字越大，巧合发生的频率就越高。这种巧合一开始会让我们感到十分吃惊，但稍作思考你便会明白这没什么大不了的，因为会有上百万人遇到同样的事情，他们也能碰上同样的“有意义的巧合”，对事情赋予同样的个人意义。

因此，根据利特尔伍德法则和大数法则，我们每一个人每一天都应该经历一些巧合的怪事，甚至是不可思议的事情。这无疑也包括在数字时钟上看到11:11，或注意到数字23在一天里频繁出现，特别是当我们的大脑注意到头几件巧合的事情后，由此创造出一些模式，放大它们的重要性，潜意识里提醒自己更多地关注类似的事情。那么，这是否可以说明时间提示现象的原因呢？

巧　合

戴维·马克斯在他的著作《精神心理学》中将巧合描述成“相似的两件事情的奇怪的吻合”。但正如我们所看到的，按照利特尔伍德法则和大数法则，这些奇怪的相似事件应该一直都在发生，以我们庞大的人口本身而论，就应如此。互有关联的事情每天都在发生，认为发生的事情具有“超自然”或“共谋”关系是在夸大其词，因为事实上，正如数学法则所表示的那样，生活和历史都一直在不断重演。在统计数字上，巧合肯定会发生，这是不可避免的。

历史常常重演。这是历史的一个问题。

——克拉伦斯·达罗，美国著名辩护律师（1857—1938）

矩阵变换

也许人类之所以赋予巧合如此丰富的意义，是因为我们都有矩阵变换的倾向，不停地寻找模式，而模式也许存在，也许不存在。矩阵变换在学界又称“幻想性视错觉”，这是一个重要的概念，是揭示许多无法解释的现象的基础。不知你是否还记得，我们在前一章简要地讨论过这一概念，我们现在进一步对其进行阐述。根据《奇闻趣事百科全书》所述：“幻想性视错觉指人类在不熟悉的东西中寻找熟悉元素的习惯。”电源插座不是一张脸——我们都知道。我们的大脑告诉我们，它不可能是一张脸，不过是一块塑料，塑料上面的洞是用来插金属插头的。但是这没有妨碍我们从插座的构造中看出人脸的特征。同样，淋浴时单调乏味的飞溅的水声总会让我们想到淋浴仪式的“白噪音”中隐藏着什么。我们也许知道洗澡的时候，房门已经锁好，但有时感觉似乎有人趁我们不备而闯了进来。当然，这种事情从未真正发生过，但是——咦，电话响了吗？应该不是。

对圣母马利亚的幻想性视错觉可以呈现出令人惊讶甚至荒唐的形式，特别是当有些人相信“超自然现象”的时候，例如鬼魂、天使、圣母马利亚等。在视觉上，这个观点很容易理解：我们喜欢在看到的事物上寻找面孔以及其他熟悉的图案。一学会集中注意力，婴儿便本能地知道盯着母亲和父亲的眼睛看。孩子夏日里仰望着天，喜欢在云朵中寻找好玩的形状。我们喜欢看计算机生成的图片，熟悉的物体藏在看似随意的彩色图案中，或者我们会在书中翻找，在上百个熟悉的人物中，寻找一个名叫沃尔多的戴眼镜的人。这一切都会产生相同的效果。

如今，不仅仅只有宗教图像会出现在一些意想不到的地方（没错，我们把猫王也算作宗教人士了）。因特网上出现的大量鬼魂照片似乎主要包含照片底片、相机带上的一些光点，以及缕缕蒸汽或尘埃，这些不是幻想性视错觉的好例子，但人们仍然将它们说成是鬼魂或亡灵——有时还在照片上的光点（或圆形物）中找到人脸，认为是仍然飘在地球上的逝者的灵魂。一些鬼魂照片显然不过是一些形状怪异的树节、摇曳的火焰和模糊的形状经过处理之后的样子。有一些照片看起来有些吓人，但它们与我们在书刊杂志中读到的鬼魂相去甚远。为什么就没有人换换花样，拍一张真实一些的鬼魂照片呢？

偏见

我们的大脑很容易产生偏见，特别是在遇到发生的时间或频率异常的事件的时候。这也是因为我们往往会有“确认偏见”，它指的是我们很自然地根据个人的看法来理解信息，避开违背或挑战个人看法的信息。

你的配偶或恋人是否向你吼过：“我的话你都没听进去，你只听你想听的？”举手表决？我（拉里）曾被人指责不止一次进行这种“选择性倾听”！这是人际关系中信息偏见的一个重要例子——不理会细节或忽视警告。信息偏见常被描述成“归纳推理的误差，或者对研究中假说的确认或另一种假说的驳斥存在选择性偏见的形式”。本书两位作者在我们的超自然现象研究中看到过确定性偏见，不管是支持还是反对的人都存在这种偏见。相信超自然现象的人不接受挑战他们信仰的信息，怀疑论者也不接受挑战他们怀疑论的信息。

在心理学和认知科学中，这种先入为主的想法也被称作“信念偏见”“选择性思维”和“假设锁定”，常常缺少支持性的证据，但似乎又一次牵扯到我们大脑的矩阵变换和在可能不存在关系的地方寻找关系的能力。相信现在你应该不会惊讶于认为“足够多的研究往往会支持你的理论”的“墨菲法则研究论”。

这一点与“极化效应”十分相似，该效应常常出现在政治中，指使用可以被描述成中立的证据，来支撑一个业已建立的片面观点。美国红色州[1]和蓝色州[2]的观念的极化是个绝佳的例子。两大阵营为了支持各自的政治理念，死死地抓住确认偏见不放，使得两党之间越走越远。我们再一次转向人的大脑和五种感官，大脑和感官迅速对信息进行评估，然后通过将预先存在的潜意识偏见填进无法得到或不确切的信息空档来“选择立场”。等到大脑处理并接受这种偏见，就很难再改变它，即使看到真实有效的信息也无法改变。你是否曾经试图让一个顽固的怀疑论者改变观念，相信你的观点——甚至还给出确凿的证据？这个过程感觉就像是对牛弹琴。

宗教信仰、传统、个人价值观和文化意识形态都会让我们产生日常生活中所看到的确认偏见和极化效应。我们对一切事物（从政治领域到人际关系）都无一例外地受到这些观念的影响。

当考虑是否“相信”通灵术、鬼魂、UFO，甚至11:11这样的数字具有神秘含义的时候，同样也会发生类似的情况。但是要说人们是带着偏见看待证据的话，那就有失公平和准确性了。事实上，广泛的认知研究表明，只有在“解读”证据的时候，业已存在的偏见才会出现。这也许能解释为何孩子对待真相的态度是如此的纯洁，不掺杂任何私人偏见。如果你长得丑，孩子就会说你丑。他们还没有将大脑训练成“如果不能说好听的话，就不要说话”。啊，感觉自己又年轻了。设想一下，如果大家都心直口快、坦诚直率，我们生活的世界将会多么不同啊！

基因学家大卫·帕金斯造了一个新词——“己方偏见”（myside bias），意指从“己方立场”表达的观点是正确的观点。这种思维方式

---

① 选民倾向于投票给共和党的州。红色代表共和党。

② 选民倾向于投票给民主党的州。蓝色代表民主党。

可以导致各种消极的心理特点，例如错觉、偏执狂，甚至自我膨胀，但是我们现在关心的是这些偏见是否会对同步性产生错误的假设。

这些类型的心理偏见可悲的一点是，即使某个人获得反方观点的确凿证据，也常会出现要自己永远“正确”的意志，最终一大群人误信错误的证据和假说。作为超自然现象研究者，我们每天都会看到这种事情发生，有人拒绝认为天体只不过是空中颗粒物，固执的科学家拒绝承认历史上有数百万人见过鬼魂、体验过时间异常现象，或者在深夜有天使来访。

也许这种偏见最有趣、最好玩的例子来自有神进化论者葛兰·R.莫顿。2002年，莫顿提出“莫顿魔鬼”一词，认为它是一个邪恶的灵魂，挡在通向人的五种感官的门口，只让符合此人信仰的事实进入。这个恶魔类似于1871年詹姆斯·克拉克·麦克斯韦在一场思想实验中提出的“麦克斯韦魔鬼”。在该实验中，麦克斯韦描述了一个魔鬼，它会根据可能违反热力学第二定律的偏见选择物理实验的结果。

而真正的魔鬼也许是我们自己将意义与非常单调的数学术语联系在一起的需要。也许上千万人都对证据进行过主观验证，因此我们所看到的不可思议的谜团也许根本不足为奇，但是这仍然回避了问题的实质：我们是否得到了我们想要得到的？

对大脑分辨时间的能力的近期研究表明，我们的大脑里也许存在着一个复杂的内部时钟。我们的脑细胞网络也许在很长一段时间里进化到能够对刺激物做出反应，相应的神经链允许我们在没有钟表的情况下知晓时间。一些神经生物学家和精神病学家在加州大学洛杉矶分校（UCLA）的戴卫·格芬医学院进行了一项研究，研究大脑能否生成和计算规律性运动，并利用这种信息给时间加密。外部的线索提供了所需的信息，例如光线的变化、褪黑激素水平和挂在墙上的时钟的真实时间。

根据戴卫·格芬医学院神经生物学和精神病学副教授、UCLA脑研究所成员迪恩·波诺马诺的观点："人类许多复杂的行为——从语音理解到玩投接球，再到演奏音乐——取决于大脑是否能够准确报时。但没有人知道大脑是如何做到这一点的。"波诺马诺接着表示，"我们的研究结果表明，识别语音和享受音乐的能力的定时机制分布在人类的大脑中，不像我们戴在手腕上的传统手表。"

身体的昼夜规律肯定受到了大脑的控制。二十世纪七十年代的研究将这种体内调节特性与视交叉上核联系在一起，视交叉上核是下丘脑里的细胞群，下丘脑也控制着人的食欲和生物状态。

这些研究表明，大脑不仅能够基于明显的信息构建不同的模式，而且在这些模式之上设置一个时间。在11:11醒来一次没有什么，但是如果在这个时间醒来两次之后，大脑便开始形成新的神经链结，新的链结成为一个嵌入的时间码，不断显现。你应该有过这种经历：忘记了设置闹钟，结果第二天竟然恰好在你打算起床的时间醒来。

如果大脑真的能够辨别时间，真的为了辨别模式而参与有意义的矩阵变换，那么我们如何能够知道时间提示只是时间提示，仅仅是大数法则所决定的巧合，由经过习惯性训练的大脑赋予意义，还是真正重要的"叫醒电话"，我们应该而且必须予以关注呢？

"伪数学"一词用来描述无法符合纯数学的框架或遵照数学模型的数学类型的问题。神圣几何学、数字命理学，甚至数字提醒现象本身可以被归类为伪数学的形式，因为它们不符合严格的数学法则，却涉及神秘学或玄学的领域。伪数学常常毫不理会已经证实的数学法则和规律，使用非数学的方式来支持自己的观点，但总是或多或少涉及一些纯数学的理论。

伪数学最常见的一个用途是以数学上不可能的公式和标准来解决经典的问题。此外，扭曲或修改存在的数学方法，赋予旧的数学方法以新的意义或标准，这也被看作伪数学。纯数学认为，不可能实现化圆为方、倍立方、三等分角以及使无穷大具有真实意义。在物理学领域里，人们也进行过类似的尝试，以伪数学的方法反驳古典真理，做出这种尝试的人也因此被贴上了“怪人”或更难听的标签。

虽然毕达哥拉斯等人对数字特性进行过详细的阐述，但我们能够厘清数字神奇特性的唯一方式是不要妄下结论。我们应该至少抱有这样一种确认偏见，认为在精确性极高的数学法则之后，存在着一个聪明绝顶的人，某个想出这一切的真正的数学天才。

难道上帝是个数字吗？

10:10

第十章

上帝是数字吗?

要想读懂自然这本伟大的书，就必须懂得

书上使用的语言，而这种语言就是数学。

——伽利略

上帝是个数字吗？乍看之下，这似乎是个带有误导性的问题，也许还会引发世人对另一个问题的思考：“上帝是男是女？”

当然，西方宗教传统已经明确这一颇有争议的问题的答案，那就是上帝是个男人，所以让我们试着超越个人信仰，从宗教社会学的角度来审视这个问题。但首先，我们有必要对上帝这个概念加以认识和理解。

莫汉达斯·卡拉姆昌德·甘地的《上帝的意义》是一首优美的十四行诗，描述了上帝无时不在的本质：

有一种难以言喻的神秘力量渗透于世间万物。

我虽看不见，却能感受到。

这种隐形的力量能够被人感知，却推翻了所有证据，因为这与我通过感官感知的一切都不一样。
这种力量超出了感官的范围……
这种强大的力量或灵魂就是上帝……
因为我能看到，生命在死亡中延续，
真理在谎言中延续，光明在黑暗中延续。
我由此认为，上帝就是生命、真理、光明。他是爱。
他是至高无上的善。
若他曾满足人的意志，
他也绝不只是满足人意志的上帝。
他是支配并改变人内心的上帝。

——莫汉达斯·卡拉姆昌德·甘地

（摘自《年轻的印度》，1928年10月11日）

地球上几乎每一种文化都相信存在着某种至高无上的力量。从耶和华到尤达和造物者，上帝的众多面孔提醒我们，应该将信念和信仰置于更大的力量上，这个力量可以照看我们，保护我们，指引我们前行。

尽管人们对上帝信仰的程度有所不同，但是对“上帝”或“造物主”的信仰却普遍存在。人类对于神的需求是一种普遍现象，在世人的眼里，神是文化的创造者，也是毁灭者。“我的上帝与你的上帝”之间的争斗一直延续到今天，而且永远都不会结束。

不过，真正相信上帝存在的人常常努力将它描述或定义成一个实体或名义领袖，一个依照自己的愿望创造事物和表达自我的神。无所不知，无所不能，无处不在——包含了世间万物的力量。根据不同的文化，上帝或像慈父般友善，或像监工般严厉苛刻。

在人类历史上，有很多人对各种各样的数字进行过论述，认为是上帝创造了数字。在这些数字中，1、7、40、66、180和360被认为是神圣数字，具有神圣的意义。数字3代表上帝三位一体的本质，也代表现实本身三位一体的本质，这个数字在不同的宗教传统和创世神话中都能找到，描述了创世力量的三重本质。世间万物，不管我们肉眼能否看到，都是造物主的现实表现。

但是，用数字的形式来描述上帝，几乎是对上帝的一种亵渎。给数字赋予神的力量又似乎是一种异端邪说，如同将科学与宗教相结合，许多人认为两者就像油和水一样，互不相容。不过，某些数字确实不同于普通的数字，而具有更深刻的意义。除此之外，创世的力量通过各种不同的物理法则发挥作用，所有物理法则都有数学成分，这一点也是无可置疑的。

常　量

在第八章中，我们探讨了宇宙中的六个常量，这六个数字必须调整恰当，否则宇宙中就不会有生命体存在。此外，还有暗能量存在的宇宙常量（暗能量随着宇宙的膨胀而增大），而且我们还掌握了补偿宇宙中所有物质或缺失物质的可测量和可论证的数值。

为了微调宇宙中存在的物理常量，包括四种基本力（即引力、电磁力、强核力和弱核力），以及宇宙中电子和质子的比率，就需要某个东西或某个人来完成。这一切是否可能是偶然发生、水到渠成的呢？倘若宇宙中有个更高级别的数学大师，设计出一套数学等式，从而创造出恒星，形成星系，并最终产生生命所需的元素，那么这种想法是否更容易接受呢？

许多历史上首屈一指的科学家相信，如果不是上帝背后有数字，那么一定就是数字背后有上帝。下面是一些科学家的语录：

■ 弗雷德·霍伊尔（英国天体物理学家）："利用常识对事实进行解释的话，我们知道一定有一个'超级智力'在摆弄物理学、化学和生物学，自然中没有什么难以感知的力量值得一提。我们根据事实所计算的数字极有说服力，使得这个结论无可争辩。"（《华尔街日报》，《科学使上帝复活》，1997年12月17日。）

■ 乔治·艾利斯（英国天体物理学家）："令人惊叹的微调发生在物理法则中，使得这（复杂的）世界成为可能。认识到这个世界的复杂性，使我们很难不站在本体论的立场上使用'奇迹'一词。"（《人择原理》，G.F.R.艾利斯，1993年版。）

■ 保罗·戴维斯（英国天体物理学家）："对我而言，有确凿可信的证据能够证明，一切事物的背后都有什么东西在运作……仿佛有个人微调了自然的数字，从而创造出宇宙……智能设计论着实让人惊讶。"（《宇宙的蓝图：自然为宇宙带来秩序的创造力的新发现》，1988年版。）

■ 阿兰·桑德奇（克拉福德奖天文学奖得主）："我觉得宇宙中的秩序不可能源自混沌。一定存在某个组织性的原则。上帝对我而言是一个谜，却解释了神奇的生命存在以及如此存在的原因。”（《纽约时报》，《估量宇宙的大小》，1991年3月12日。）

- 阿诺·彭齐亚斯（诺贝尔奖物理学奖得主）：“天文学指引我们明白了一个独一无二的道理——宇宙是从无到有创造出来的。宇宙中存在着微妙的平衡，这种平衡提供了允许生命存在的精确条件，平衡之下存在着一个（也许是‘超自然的’）计划。”（《宇宙、生命、上帝》，马杰诺和瓦尔盖塞，1992年版。）
- 斯蒂芬·霍金（英国天体物理学家）：“那时我们……就能讨论为何人类和宇宙会存在于这个世界上。如果我们找到这个问题的答案，那将是人类理智的终极胜利——因为我们由此能知道上帝在想什么。”（《时间简史》，1988年版。）
- 亚历山大·波利亚科夫（苏联数学家）：“我们知道，自然可以用所有可能的数学原理来描述，因为是上帝创造了自然。”（“命运”，S.甘恩斯，1986年版。）
- 埃德·哈里森（宇宙学家）：“下面给出的是上帝存在的宇宙学证据——来自帕利的意匠论——该理论不断更新，不断修正。宇宙的微调提供了宇宙是由神设计的初步证据。做出你自己的选择：多个宇宙的随机抽取，还是一个宇宙的独家设计……许多科学家表达自己的观点的时候，倾向于目的论或意匠论。”（《宇宙的面具》，E.哈里森，1985年版。）
- 阿瑟·L.肖洛（斯坦福大学的物理学教授，1981年物理学诺贝尔奖得主）：“在我看来，在面对生命和宇宙的各种奇迹的时候，我们必须要问为什么，而不只是问这是怎么发生的。唯一可能的答案与宗教有关……我发现，我们需要宇宙中存在上帝，我自己的生活也需要有上帝。”（《宇宙、生命、上帝》，马杰诺和瓦尔盖塞，1992年版。）

■ 沃纳·冯·布劳恩（火箭工程师）：“我发现很难理解一个科学家不承认宇宙的背后存在着更高级别的理性，就像很难理解神学家否认科学的进步一样。”（《怀疑论者》，T.麦克莱弗，1986年版。）

尽管不是所有科学家都对此表示赞同，但前面提到的只不过是持此观点的一小部分科学家，他们认为在设计这个被我们称作“宇宙”的精密结构的时候，有一种更高级别的力量在发挥作用。大多数人认同，宇宙有数字的一面，宇宙精确调整的程度也可以用数字来描述。即使这些数字只是减少了微不足道的数量，我们还是会立即停止生存，或者说不可能在地球上生存过。

魔　方

也许将这些数字称作“宇宙的结构”更为恰当。这些数值确定了物理定律，决定了事物的产生和运作。我们由此想问这样一个问题：上帝也是个数字吗？如果是的话，那是什么数字呢？

寻找上帝的数字有一种有趣而又奇特的方式，即利用一种现在重新流行起来的玩具。还记得“魔方”吗？这个好玩的小方块在二十世纪八十年代盛行一时，玩家将同一个颜色的方块都拼在同一个平面上才算赢。到现在为止，将魔方六个平面拼好的世界最快纪录是9.86秒，来自2007年西班牙“世界魔方协会”比赛。没错，魔方玩家也有自己的“奥运会”。

美国东北大学研究者曾试图找到还原魔方的最少的步骤（奥卡姆剃刀与魔方相遇了），这些研究者认为，还原魔方的方法总共有超过43的18次方种。但是一位名叫丹·昆克尔的博士生和计算机科学教授吉恩·库珀曼宣布，他们找到了“上帝数字”，这个数字是26。作为美国国家科学基金会的项目，两人只用了26步便还原了整个魔方，他们将之称为“上帝的数字”，因为“上帝会用最少的步骤来解决这个智力游戏”。（也就是说上帝有时间玩魔方玩具。）

两人打算进一步缩小这个上帝数字，他们坚持认为，重要的其实并非这个数字，而是在科技的帮助下，找到解决问题的最简单和最快捷的方式，正如俯视众生的创世者会做的那样。

其他可能性

二十世纪八十年代的魔方玩具先暂放一旁，也许有一个更严肃的数字能够与神联系起来。根据物理学家斯科特·冯克豪斯的观点，上帝数字也许是个大得难以想象的数字，例如10的122次方，即10与10相乘122次。这个数字似乎在某些非常关键的宇宙事件中出现，第一次出现是在二十世纪二十年代末，当时科学家们对暗能量的存在展开了研究。他们相信，这种能量造成了宇宙膨胀的加速。这个数字（虽然有相差一个零的误差）也出现在其他重要的比例中，例如肉眼可见的宇宙的质量与最小的“量子”的质量之间的比率，比率值是6×10^{121}；决定现在的宇宙中粒子许多空间排列方式的一个熵的度量，数值是2.5×10^{122}。

不过，看到这些普通的比率出现五六次，大多数物理学家和宇宙学家还是感到大吃一惊。牵涉如此大的数字的比率反复出现，或在宇宙的赌博游戏中掷出巨大的点数，很难说这是纯属巧合。被视为天体物理学奠基人的詹姆斯·乔伊斯爵士曾经撰文道，宇宙在他眼里更像是一个伟大的思想体系，而不是一台伟大的机器。这个观点又逃避了问题的实质：是谁或什么在运作这个伟大的思想体系？

目的论的论证

从自然中感知到的秩序和设计中找到创世者或上帝般的力量，这种愿望被称作“目的论的论证”或者“意匠论”。表示“目的论”的teleology一词源自希腊语telos，意思是“目标”或“目的”。该论证包含下面四个基本因素：

1. 自然似乎太有序，太复杂，太有目的性，因此不具有意外性或偶然性。
2. 自然一定是被一个有理性、有智慧、有目的的实体创造的。
3. 上帝有理性，有智慧，有目的。
4. 上帝存在，自然便是明证。

不过当该论证扩展到智能的定义，并涉及宗教含义时，问题便随之而来。在讨论信息理论的时候，我们发现这是个进行了妥协的理论。宇宙看起来充满秩序和目的，因为宇宙是一台自动进行计算的巨型计算机。多数人也许不会将计算机与上帝联系起来，但这个理论考虑到了构成我们宇宙的数字背后的设计智能和非宗教的敏感性。目的论的论证接受了“人择原理”，认为设置精确的常数为生命（或者说演化成人类的智能生命）的存在提供了条件。

“人择原理”的主要推动者是约翰·D.巴罗和弗兰克·J.蒂普勒，两人合力创作了《人择宇宙学原理》（1986）。他们认为，带来生命的智能设计论毫无道理，生命一定是人为的，而不是像有些人说的那样，也许存在无穷种可能的条件，而导致完全相反的结果：没有任何生命。但其他科学家表示，可以通过控制数据来界定一些同样不可能发生的自然状况，而这些自然状况却真的发生了。这种情况下，生命也许就不会跟我们想象的那样不可能存在。因此，地球上出现可供生命持续存在的条件完全就是运气……就如同是在一百万张彩票中随意任选一张。

“目的论的论证”的拥趸们因此必须证明，是智能设计而不是运气，能够解释如此完美地想象和设计出来的宇宙。反对者们表示，即使完全基于数学的现实背后真的存在一个智能力量，那也并不意味着那个设计者一定就是上帝，或者用《上帝的错觉和瞎眼的钟表匠》的作者理查德·道金斯的话来说，关键的一点是，宇宙的设计者至少要像被他设计的宇宙那样结构复杂和目的明确。这不意味着设计者就是上帝，法国哲学家伏尔泰也表达了这种观点，他认为目的论的论证表示存在一个强大的智能，但不一定是最强大的智能。

甚至还有人在设计者的本质这个问题上进行争论。根据《人择原理的巧合、邪恶和有神论的失验》的作者昆廷·史密斯的观点，我们甚至不能想当然地认为，任何智能宇宙的设计者是个好人。他警告我们："我们可以合理地得出一个结论：上帝并不存在，如果上帝无所不在，无所不知，尽善尽美，那他就不会允许自然中无缘无故地存在着恶。但是因为自然界中恶恰恰就是存在的，仿佛是恶的精灵创造了宇宙……因此如果真的有什么精灵创造了这个宇宙，那么它一定是恶的。"史密斯认为，宇宙是个充满敌意的环境，基本上不适合生命的出现。

纵观自然界在我们这个星球上的运行方式，这种敌对态度尤为明显，例如弱肉强食和食物链。这并非一个狗咬狗般自相残杀的世界，但在这个世界上，鲨鱼吃鱼，猎豹吃羚羊，人类吃任何能吃的东西。在一个更大的宇宙的层面，其他行星上的环境的敌对态度甚至都不允许生命的存在，可以想象，在宇宙的尽头，在极度高温和寒冷的环境下生存，何其困难。

有一个名叫"宇宙差异"的博客，由一群物理学家和天体物理学家创建，其中包括马克·特罗登、里萨·韦克斯勒、西恩·卡罗尔、乔安妮·休伊特、朱利安·达尔坎顿、约翰·康维和丹尼尔·霍尔茨，下面这篇博文谈到了宇宙的源头与"上帝"无关的可能。

> 我采用的诡辩法[①]是，宇宙与其构成要素有本质的区别（根据其独特的地位，就像物理世界的独特地位一样），宇宙不会：（一）永远都存在，（二）完全自发产生。这是毫无根据的。对于这种质疑精神的唯一合理的回应是："为什么不呢？"有一点不容置疑，我们还不知道宇宙是永恒存在，还是有一个开端，我

① 诡辩法（special pleading），只谈有利自己观点的论据。

们根本不理解宇宙本源的细节。但是，考虑到我们已经了解了物理学，不会有任何障碍能够影响我们最终把这一切搞清楚。

更高层次的自然

随着人们就宇宙是否有意设计，甚至是由智能设计出来的激烈争论，从最新的角度将科学与宗教置于对立的两派，双方还是有人愿意妥协。一些科学家和宗教领袖认为进化论和智能设计论之间并不存在矛盾，他们认为地球生命的存在首先是由某个创世主设计完成，他利用进化过程使生命不断出现和不断演化。

随着对上帝是否存在这个根本问题不断出现争议，对上帝的本质进行量化，特别是从数学的角度进行量化，变得更加不可能。但是数字命理学家和神圣几何学的研究者们认为，有一些序列（例如上帝数字112358134711）涉及更高层次、更玄奥的自然。与之前讨论过的卡巴拉和斐波纳契数列有关的上帝数字最后总是大师数字11。从数字1开始，每个数字与前一个数字相加之和是下一个数字。例如0+1=1，1+1=2，2+1=3，3+2=5，5+3=8，依次相加，直到7 + 4 = 11，然后这个序列又重新开始。命理学家声称，若不算最后的11，将数列1123581347（我们在前一章中提到过）相加再相加，得到的结果将是8，代表无穷和永恒。如果你让11一直重复，最终将得到数字10，这是个神圣而又神奇的数字，充满卡巴拉、希伯来术数和塔罗纸牌的象征符号。这对命理学家而言意义深刻，但对其他人而言，似乎任何一个数字结尾都可以被赋予某种神秘甚至神圣的意义。

神圣数字7

我们又一次想到了斐波纳契数列美妙地出现在自然、艺术、建筑和神圣设计等复杂领域中。也许上帝不止一个数字。也许上帝是所有数字。也许上帝是包含了数字整体的等式或模式。在犹太教和基督教的传统里，很少有人会对数字7的重要性存有质疑，数字7出现在两个宗教文本中。总共有21个作者创作了《旧约》——3乘以7。其中有7个作者的名字出现在《新约》中。那7个名字的数值加起来是1554，即222与7相乘的结果。上帝将人的年纪描述成3个20加10，结果是70。在《创世记2：7》中，上帝用尘土造出了人，我们知道人体由与地球的尘土中同样的元素构成——14，即2乘以7。

这些例子只不过是在《圣经》中找到的一些与七相关的证据。这就是所谓的确认偏见。也许对《圣经》的文本认真研读之后，我们还会发现很多地方提到数字42，或数字12，或数字11。但是不管有多少数字在不断地重复，我们不禁会想这些数字的频繁出现必有深意。我们还会发现这些数字是多么频繁地将科学与精神、世界的结构和神的本质联系在一起。恰如精神和物质的关系。也恰如彩虹末端的一坛金子和彩虹本身之间的关系。

毕竟，彩虹里有七种颜色。

数字333

基督教徒也将数字333看作上帝的数字。这个数字让我们想起数字666是上帝的敌人，是启示录中的野兽，是敌基督。数字

333被认为具有神性，因为三位一体的神圣本质增加到三倍。数字3在命理学的数字阶级中具有如此高的地位，三倍意味着赋予其深刻的神性和力量。在《以赛亚书6:3》中，上帝变得“三倍的神圣”。

数字777

也许上帝数字就在我们身边，而不是在不断膨胀的宇宙最外端。在本书第一章中，我们探讨了时间提示现象，以及“叫醒电话”的可能意图，正如某个理论认为的那样，时间提醒激活了我们的“无用DNA”。如果宇宙是一台巨型计算机，吐出大量信息来创造现实，那么我们的DNA就是一台个人计算机，进行着同样的操作，只是DNA产生的信息最终创造了……我们。

对圣经密码以及《旧约》和《新约》中的神圣数字进行解读的人们认为，也许上帝的数字应该是777，它包含了三个神圣而又幸运的数字7。

几何和声

萨拉·沃斯在她的著作《什么数字是上帝？隐喻、玄学、元数学和事物的本质》中写道，神圣数字的概念也许更具隐喻性，而不能单从字面上来理解。她认为，所有生命都充满了神圣的数字、几何学和各种图案，我们也许应该采取更具隐喻性的方式，来寻找神圣的数字与被认为创造了一切的更高智慧之间的联系。她引用了荷兰数学家B.L.范德瓦尔登在谈到对数字推崇备至的毕氏学派希腊人时所说的话："数学是构成他们宗教的一部分。他们的学说表明，上帝通过数字给宇宙安排了秩序。上帝是个统一的整体，而世界是多样的，包含了极不相同的元素。是和声重新给对立的部分带来统一，将它们塑造成宇宙。和声具有神性。和声包含了数字比率。"

沃斯继续表示，几何和声存在于整个物理世界，存在于自然界的对称和比率。这些比率反映出更宏观、更伟大的大宇宙现实，宇宙的象征可以体现在鲜花或鹦鹉螺壳错综复杂的螺旋形外观。但她表示，毕达哥拉斯和柏拉图等人在利用各种几何比例和比率描述自然和自然法则的时候，也许使用了大量的隐喻。但许多历史上的科学家承认，大宇宙和小宇宙之间、数字和自然之间的这种联系也确实存在，即使这种联系是用更具象征意义的词汇进行书写和哲理性阐述。

DNA

许多符号能够表现现实结构中具有更高的智慧，其中有一个符号一直存在于我们体内。DNA就像是一台计算机，人类的基因组包含的基因相当于750兆字节的信息或数据。这些数据中很小一部分，也许只有3%，关系到超过22000个基因的构成，这些基因决定了我们每一个人现在的样子。余下的97%就像是一个空白的硬盘，等着将未来存储进基因库中的信息进行编码。

这些没有编码的DNA常被称作"无用DNA"，而近几年里，科学界和玄学界都纷纷表示这些DNA其实并非毫无用处。一家有关"智能设计"的网站提出了一个问题，供网友思考："为什么一个完美的上帝会创造出有缺陷的DNA，而这种DNA基本上是由毫无用处的非编码区组成的呢？”但是，正如之前提到的，上帝确实在自然中创造了一些“瑕疵”。也许我们眼中的瑕疵其实是一幅更大图景的一部分，而我们只看到了冰山一角。

我们能够看到，3%的DNA以惊人而复杂的准确性创造出人体正确的元素，从细胞到主要器官，然后又以十分精准的方式控制这些元素。对于宗教人士而言，我们的身体是世界上最高层次、最深刻的设计和秩序，如同上帝的杰作。DNA使我们每个人不同于他人，DNA是生命本身独特的表达，但是从最基本的层面来讲，所有人又差不多都是一样的。

但正是无用DNA引起了那些遭遇过时间提示现象的人的兴趣，也正是无用DNA表明，也许我们人类所拥有的超出了我们的想象，远不是蓝眼睛、棕色头发、长腿和狡黠的微笑这么简单。大多数遗传学家相信，非编码的DNA对于编码的DNA的正常运转具有必要的作用。我们只是不清楚这一切是如何发生的。对于非编码的DNA为何显得一无是处，出现过很多观点，有人甚至还表示，这种DNA没有提供任何选择性优势，或这种DNA曾经是身体必然会用到的DNA，但随着人类进化失去了编码能力。事实上，这种DNA仍然在我们体内，仍然有人在探索如果这种DNA被激活的话，究竟能发挥什么作用。

无用DNA亦称“从属DNA”，许多研究表明这种曾经无用的DNA在细胞原子核结构中发挥过功能性作用，而且这种非编码的DNA的数量与细胞的大小成正比。也有研究表明，无用DNA的异染色质实际上发挥着抑制基因的作用。此外，在基因的发展过程中，真正的基因表达也与非编码的DNA有关联。这种DNA似乎比我们想象中具有更多的功能性，在蛋白质合成的过程中发挥了调节作用。更多的研究显示曾经被认为沉睡或不活跃的DNA所具有的惊人的功能，这些基因确保了我们的新陈代谢体系的正常运转。

无用DNA不仅仅存在于人类的体内。根据2004年5月英国广播公司（BBC）的报道，位于圣克鲁兹的加利福尼亚大学的戴维·豪斯勒的研究表明，人类、田鼠和家鼠具有“许多完全一样的明显‘毫无用处’的DNA集合”。豪斯勒为首的研究团队将人类的基因组序列与田鼠和家鼠的基因组序列进行了比较，发现这三个物种具有一段完全相同的DNA，他们对此感到十分震惊。而且，他们发现这些基因的模式与鸡、狗和鱼的基因组序列也非常吻合。

这些似乎没有任何价值的“超保守元素”表明，无用DNA实际上具有十分重要的功能，最可能的一点是，正如豪斯勒所言，这种功能通过控制“不可缺少的基因和胚胎发育”得以实现。该研究引发许多科学家对这种DNA重新思考，医学研究理事会功能基因组的克里斯·庞廷教授表示：“我认为其他‘无用DNA’其实并非毫无用处。我觉得这只是冰山一角，还将有许多类似的发现。”

对于许多经历过时间提示现象的人而言，一个可能存在的理论是，唤醒深层次的意识就是躲在冰山一角下面的那些发现之一。正如F.弗拉姆1994年在《科学》杂志发表的一篇文章中所指出的，这种非编码的DNA甚至还可能具有一种“语言”，这些“音节”，即DNA中核苷酸的排列似乎毫无规律可言，但事实并非如此。这些核苷酸实际上与人类的语言惊人地相似，应该含有某种编码信息。在一篇名为《无用DNA中的语言迹象》的文章中，几位作者采用了一系列语言学测试方法来分析这些无用DNA，发现它与人类语言具有惊人的相似性。他们再次提出，有机组织若携带如此多看似毫无用途的垃圾分子，其背后不存在任何有益的原因。这些DNA中一定有编码，而且这个编码一定有目的。人们要继续探索和了解这个编码想要告诉我们什么信息，还要了解一旦编码被唤醒并开始全力运行，我们将会发生何种改变。

这个编码及其用途没有被科学界完全理解。但是属灵团体却不依不饶，认为这种非编码的DNA含有通灵的能力、超自然力量和高层次的自觉意识，潜藏在人类体内等待某一天被唤醒。从能够看到鬼魂到能够知道另一个人在想什么，再到利用超能力找到一个失踪的孩子，这种编码也许带有了解未知领域的钥匙，而我们长期以来将这个未知领域看作是科学的边缘，或者更准确地说，是“伪科学”。

尽管这一切没有任何确凿的证据，但是许多人坚信人体的这部分构造具有了解更高层次的存在的“钥匙”。那扇门将会触发一些重要事件，也许即将到来的2012年能够激活这些DNA，使其完成相应的目标，因此我们人类也将完成自己的目标。对于其他跟我们具有同样神秘的无用或未实现的DNA的有生命物种而言，情况也许是一样的。我们也许不是唯一能够“开窍”的物种！

赫尔墨斯编码

在《DNA中的赫尔墨斯编码：宇宙秩序的神圣原则》一书中，作者迈克尔·海耶斯认为，古代宗教、传统和科学中具有一个基于数学的编码，这个编码反映在我们的DNA结构中。他将其称作“赫尔墨斯编码”，还表示：“赫尔墨斯编码远不仅仅是个数学工具。它是演化论或创世论发展的世界蓝图，其独特的内在对称性能够在各种形式的生命的生物分子结构和物理结构中找到。”

赫尔墨斯编码的基础是“64个单词或22个音符的氨基酸‘振动规模’，以及人体生理机能中负责调节感觉、情绪和感知的三个神经复合体，和八套内分泌转换器……”。海耶斯也在著作《无限和声》中表示，所有生物都由“赫尔墨斯编码构成；所有生物在相对规模中都处于进化的三重八度音阶，具有实现‘最佳谐振’的内在潜力”。许多人相信，这种最佳谐振状态最终将成为我们的无用DNA被激活后的结果。

海耶斯也提出了这个重要的问题：“是谁或是什么告诉DNA如何去做？”他将我们的DNA与更高层次的数学编码联系在一起，这种观点表现出发生在宇宙“之上”和发生在人体“之下”之间的对称性，他的观点也解释了通过“先验性的进化”，人类可以模仿活细胞，获得与最佳谐振类似的情况。

尽管海耶斯很快承认DNA在地球上的进化并不是很确定，而且常常是错误的，但他表示：“……所有这些随机、选择性的进化的基础是DNA和基因密码的对称。”他还将这种对称与自然界的根本法则，特别是和声学中构成生命的“音乐”的根本法则进行比较。音乐的和声比例反映了宇宙以及我们的DNA的“成序原则”。如其在上，如其在下，仿佛这一切的背后是“根本的宇宙和声”。当然，这种和声以数字为基础。他甚至还引用了物理学家保罗·戴维斯的话：“我们因此可以认为原子光谱与乐器的声音十分相似，”他进一步描述了原子和原子成分之间的一系列音乐关系，甚至还提到量子色动力学，认为在原子的材料之下，“还具有其他自然演奏的交响乐”。

学过音乐理论的人都知道，数学在音阶、八度音等方面扮演了重要作用。“正如我们所知，赫尔墨斯编码基本上是三度创作法则的表达，该法则认为，一切都由含有三重体的三重体构成。这意味着，圆周率所代表的三个八度音本身是三重八度音，总共构成了九重八度音，或64个‘音符’——恰好就是RNA密码子组合的数字。”

如此说来，上帝也许既是个数学家，也是个音乐家，更是个基因学家和计算机编程高手！DNA分子与四种化学成分一起发生反应，这些成分被称作基因密码的基础，构建了被称作RNA三联密码子的分子。海耶斯解释说，每一个分子包含三个基底，这些基底成为生产氨基酸的模板，氨基酸又进而组合成复杂的蛋白质链。所有这一切都遵循了圆周率中表现出来的音乐结构，这种音乐结构在自然和更大范围的宇宙中也能看到。但海耶斯也认为，这个赫尔墨斯编码具有遗传性，“意识的某些基本方面——观点、概念、启示——都是形而上的基因，与氨基酸链一样都是用同一种方式生产出来的。”

那些经历过11:11时间提示现象的人相信，非编码DNA以及人类和自然背后更高智慧的更形而上的特点最终会产生更高层次现实的时代的到来。如果DNA有助于人体的进化，那么DNA在它自己的“王室”中隐含的秘密是否能够帮助我们在精神和意识层面发生进化呢？振动和意识层面之间的关系所产生的共鸣的概念也不能轻视。我们所有人是否正处在97%非编码DNA（基于音乐和和声学根本法则的赫尔墨斯编码就存在其中）的激活所带来的精神革命的交点?

如果宇宙是“一首歌”，那它也许是我们都将唱响的一首歌，只要我们找到个人和集体的声音。

数字的契合

本书中，有一点已经明确：构成自然乃至人体的基础是力学，而力学的基础则是数学法则。正如约翰·米歇尔在《天堂的维度》中所描述的，这些法则也许是物理学家尊崇的万有理论的一部分，但同时又将这个理论向前推进了一步。古代细致严谨的玄学体系具有类似但更广泛的功能。古代玄学试图描述的不仅是物理宇宙的本质，还有人类的本质，而且同等条件下，将这两者联系在一起，成为原始创造论在宏观宇宙和微观宇宙的两个方面。宇宙、人类本质和造物主的心智都可以用数字进行衡量，柏拉图称之为“将一切维系在一起的纽带”。

数字的维系作用由来已久，既适用于人类，也适用于宇宙更伟大的设计，DNA中数字的维系作用决定了我们是谁，就像数字在行星、恒星和星系的巧妙结构中发挥的作用一样。米歇尔总结，这种较为神圣的概念是“数字领域的综合比例和和声学的结合，描绘了宇宙和人类心智的本质结构……”，描述了金字塔和天堂本身的维度，决定了人类、动物和植物的形式，所有这些都是基于一个伟大的设计，这个设计有时具有随机性，有时则表现出完美的秩序，作为一个完整体系的一部分，最终创造出生命。幸运的是，我们还可以增加数字！

我们在进行研究、寻找上帝数字的时候，遇到了很多认为“上帝是个编程大师或主要程序”的观点、理论，甚至是事实。我们还经历了一次更加惊人的发现，这次发现具有更多的现代科技含义，因为我们几乎每个人都有一部手机。上帝不仅仅是个潜在的数字、数列或和声代码。上帝也许还有自己的号码。手机号码！2003年6月，BBC新闻刊登了一篇名叫《人类拥有了上帝的电话号码》的文章，说的是一个来自英国索尔福德的名叫安迪·格林的男子在电影《冒牌天神》上映之后，不断接到一些奇怪的电话。在该影片中，由金·凯瑞扮演的男主角遇到了上帝，获得了上帝的私人电话号码。那个号码与格林的号码完全一样，很快有人给这个三明治店老板打去电话，表示要跟上帝本人说话。“有个人说自己身无分文，我就告诉他去找份工作。”格林接受BBC的采访时说，他表示很多形形色色的怪人拨打了这个神圣号码，有的提出问题和要求，还有的向他祈祷。

不管这是否证明了上帝与数学法则有着紧密的联系，还是仅仅证明了普通电影观众的愚蠢，这都是可以讨论的话题。数字影响了我们，支配着我们的生活。数字拥有自己的力量，本质上也许是神圣的力量。数字决定了自然法则的形成，自然法则又转而影响了我们的形成，数字使我们的现实变得真实可信。上帝也许不是某个数字、序列或编码，而是富有创造力和智慧的基础，由此产生的所有现实似乎都迷恋于数字，利用数字形成形状、物质和能量的各种法则，确定这个或其他宇宙中事物呈现出来的样子，不管是否能够看到。

上帝不是一个数字。上帝是所有的数字，数字是一切。

11:11

第十一章

数字为何重要

我总是无法理解那些该死的圆点到底是什么意思……

——伦道夫·丘吉尔勋爵对小数点的评价

撰写本书伊始，我们俩并不真的了解数字有多么重要。我们当然知道数字在日常生活中发挥了作用，尤其是在自动取款机上使用银行卡、填写支票簿、拨打重要的手机号码，或在申请表上填写社会保障号码的时候。当然，我们以前也知道周围存在着大量的数字，只是不了解具体程度和实际情况。其实，数字存在于任何一个地方。

在对此进行研究和与他人讨论的过程中，除了获得一些惊人的发现之外，我们逐渐对数字获得了新的理解：数字不可思议，数字非常重要。有些时候，数字甚至超出了我们的想象。数字具有决定、构成、描述、展现和改变世界的力量。数字是我们理解宇宙的关键。

在我们撰写这本书的时候，一场名叫“46664”的盛大音乐会在伦敦的海德公园举办，庆祝反种族隔离活动家和南非前总统纳尔逊·曼德拉的90岁生日。曼德拉因领导反对种族隔离活动而在狱中关押了27

年。服刑期间，他的监狱代号是46664，因此被称作“绝望的数字”，象征他在牢中关押二十多年所遭受的压迫和痛苦。直到1990年2月11日，他才获释出狱。

今天，数字46664成为曼德拉创办的“反艾滋病基金会”的名字，基金会旨在提高全球对艾滋病的认识和研究，这五个简单的数字象征了一条漫长而艰难的道路，从压迫通向自由，从邪恶通向善良，从恐惧通向勇气，从绝望通向希望。

数字具有使人超越痛苦的力量，开创了具有无限可能性的新纪元。但是与神奇减肥食谱或邮购新娘相似的是，数字并非完美无瑕。

在与戴维·博伊尔合著的《数字》一书中，安妮塔·罗迪克女爵士提醒我们：“我们在购买每一件商品的时候，都经历了被人测量、计算和记录的过程。学者和政府官员在调查表和政府数据书中将我们算入总数，算进平均值，进行仔细剖析，这些数字将我们的个性抽离。我们不过是一项巨大实验的一部分，这个实验认为一切都可以被测量……”但罗迪克在书的后面也强调了数字的魔力——如果，而且只是如果，我们记住数字所量化和呈现的是我们人类。衡量的是男人或女人。

问题就在这里：生活中最美好的东西不仅不受约束，而且无法衡量。例如爱，自由，激情，希望，美，善良，幽默，性格。

在理解数字的时候，也许最好将其看作我们寄居的房子。数字提供了一个基础和庇护所，我们可以在其中自由移动和生活。数字提供了框架、亲切感和家的感觉。在房子之外，存在着各种各样的神秘事物，数字也仅只能给我们一些暗示。生活中各种神秘事物若是都变成数学等式，便会立刻失去神秘的面纱。

这样，问题就随之产生：随着各种高科技产品的出现，随着我们对金钱、炒股、约会和时间等事物的依赖，随着我们对年纪、胸围、腰围和头发的稀疏愈加在乎，我们是否对数字给予了太多的关注，而对数字衡量的事物却不够重视？我们是否忘记了生命本身？

对于在数字方面，特别是在神秘而又令人烦恼的时间提示现象上有过奇特经历的人而言，有一点我们需要牢记：数字本身并不重要，重要的是数字在向我们发出何种警告。这方面可不能大意，要头脑清醒，要留心注意。

这本书即将结束（除非你没有认真阅读，而是直接跳到这个部分……那你可真是可耻），我们终于可以向你揭晓书名中提到的“11:11”之谜。

11:11

日复一日，夜复一夜，你总会在时钟上看到11:11，这不是什么巧合。11:11不可思议地反复出现，这绝非偶然。事情发生的背后总有原因。不幸的是，我们仍然不知道这个原因到底是什么。本书的两位作者也亲身体验过时间提示现象。

玛莉·D.琼斯

许多夜晚，我都是在11:11、2:22、3:33等时间点醒来，在过去半年左右的时间里，这种事情反复地发生。在被邀请参与创作本书之前，我从未觉得这些反复的时间有什么问题。而现在，我一直都会注意到这些时间，我的儿子也是如此，他常常在房间另一侧对我大叫："嗨，妈妈，现在是11:11！"我的一些朋友知道我在写这本书，在与我出去吃饭或喝茶的时候，他们也会提醒我："嗨，现在都晚上11:11了！"但我脚下的土地从未因此移开，我也没有感到自己一下子完全开窍。事实上，在发生时间提示现象的时候，没有任何有趣的事情降临在我身上，除了转瞬即逝的感觉和一点点烦恼，因为在该死的夜里我肯定要醒来多次，根本睡不安稳，而现在我的朋友还不停地提醒我时间，这简直要把我逼疯了！我现在要比之前更关注时间提示现象。而且由于写书的缘故，我也不得不这样做，这是我现在关注的焦点。因此我现在必须要问自己这样一个问题：此事的发生是因为我的"无用DNA"选择激活模式，而且一切纯属巧合，因为我碰巧在写这样一个我一两年前从未想过的题目？还是因为我的研究迫使我的大脑产生一种新的联系，也因此更加关注时钟、钟表刻度盘、数据输出装置呢？我又一次想起前面举过的那个例子。你之所以购买一辆带有绿色车门的橙色悍马，是因为你觉得别人没有这种型号的车，然而现在突然发现路上到处都是这种车，而且看起来也挺丑。我想，处理这种谜团的最佳方式是对发生在自己身上的事情保持关注，即使事发当时并未发生什么。常言道，一切终将水落石出。也许某一次时间提示现象发生的时候，一切都会真相大白。

拉里·弗莱克斯曼

与本书另一位作者一样，我也经历了一些时间提示现象，看到一些反复出现的数字序列。之前我虽然没有真正关注过这些现象，但我心里一直都隐隐地觉得，某件“不寻常”的事情也许会发生，因为同样的数字总是不断冒出来。这些数字现象一直都以某种形式或方式在我的生活中发挥作用。我常常用带有怀疑精神的理性大脑试图证明，除了巧合之外，这些事情也是合理的。但我知道，从数据上来讲，情况恰恰相反。我曾经总想拿出一些时间来研究这个现象，但是，由于生活繁忙杂乱，此事总是不断被推迟延后，让步于更紧迫和更重要的事情。说实话，在我们开始为本书进行研究之前，我还以为我的经历是完全孤立的个案。我当时并不知道，这实际上是一个普遍的现象，其他具有科学意识和理性的人也有过类似的经历！我很快发现，每个人似乎都有类似的经历要向人倾诉。随着我们收集到越来越多相关的故事、观点和想法，我联想到我们人类都有与他人进行“联系”的基本欲望和需要。将这个观点进一步展开，如果这些事件是为了确认或证明我们之间真的有某种量子“联系”或维系，那又会怎样呢？我所说的联系是某种将我们紧密地联系在一起的无形而又一直存在的维系。我们已经详细介绍了阿卡西记录、形态场、量子思想，以及许多其他神秘莫测的宇宙哲学。尽管我常常小心谨慎地对待大多数新时代神秘主义，但似乎有足够的证据表明，确实存在着某种形式的因果关系。这些普遍的经历是否要告诉我们什么信息？这些现象是否就像令人不胜其烦的闹钟一样在你最不希望它响的时候发出声音？也许真的如此。在经历时间提示现象的时候，我从未有过开窍或发生顿悟的经历，也从未体验到意识状态发生改变，或自我发生了超越，但这些时间提示经历确实拓展了我的眼界，让我意识到现实世界是一张大网，将世间万物都联系在一起。

■

“反UFO保密公民联盟”（CAUS）的前会长彼得·格斯顿先生在他的网站www.pagenews.info里提出了他的观点：

人们已经发现11:11的经历是人类的一种共同体验。

到了中午11:11和晚上11:11的时候，人们将目光投到时钟上，不是为了看具体是几点钟，只是忍不住想看一下时钟。人们并没有打算看具体是几点钟。这几乎是无意识的一瞥。

另一方面，发生在11:11的重要事件似乎暗示了什么。

当我家的猫因肾衰竭而奄奄一息的时候，我们无能为力，所能做的只是让它死得舒服一些。那只猫咽下最后一口气的时候，我和女儿都在场。女儿走出房间，然后又走了回来，说现在是11:11。她对11:11现象一无所知。这几乎就像是一个指示器或触发器。

但是上百万曾被“触发”的人仍然努力想弄明白这背后的原因。一位女性在Angelscribe.com上言简意赅地写道：“我有过多次与1111、111等数字相遇的奇特经历。我关注这些数字已经有一个星期了，这真是太奇怪了。在我看表的时候，时间常常是1:11。今天，我试图改变我的网络浏览器的一些参数，结果发现文件夹的大小竟然是1111个字节！这真是太不可思议了。后来我又重新查看文件夹大小，发现大小数值又不一样了！真搞不明白！我见过许多叠数和含有111的数字。显而易见，有人想要告诉我什么信息。我猜想我很快就会知道那是什么了。”

是的，我们也许很快就会知道“那个信息”了。也许，当我们知道的时候，它将改变我们，启发我们，既包括我们个人，也包括整个社会。也许它将改变我们的外貌。如果认为它甚至会改变整个地球，这听上去是否像天方夜谭呢？

但是，也许它不会改变任何事物。也许它会像“千禧年危机”一样，成为一件“非重要事件”？

不管这些时间提示现象意味着什么，不管这些奇怪的标志、序列或同步发生的事情想要告诉我们什么，最重要的是，不管外面的情况如何纷繁复杂，我们必须关注自己的生活。我们必须活在当下。

某个东西或某个人正在努力让我们不要只关注手机、黑莓、iPod、MP3播放器、电脑、电视游戏和糟糕的真人秀节目，我们看到真人秀选手在摄像机前展现自己的生活，而我们却忽视了自己的生活的各种可能性。一种不可思议的观点是，所谓的“某个东西”或“某个人”也许是产生自我们大脑内部的某种力量，或许是某种来自高维度空间（或低维度空间）的生物在潜意识里刺激我们。等下一次你的手机鸣响或电子邮箱发出嘟嘟声的时候，思考一下这个观点。

“是谁”和“是什么”并不重要——我们遭遇了时间提示，这才是整个等式中真正重要的一个方面。

几个世纪以来，人类利用各种方法和单位认真地记录时间。从太阳在天空的移动轨迹、月亮的相位、放射性铯原子的放射，到“我们的生活像沙子般流过沙漏”，等一下，这是一部平庸的肥皂剧里的一句台词。

有时，我们大多数人将时间这个概念既看作祝福，也看作祸根。我们在日历上留下记号来度量我们的昨天、今天和明天，仿佛我们都迫不及待地想留下自己永恒的印记。但实际情况常常是，稍不留心，人生便悄然流逝，因为我们都莫名其妙地关注着日期本身，而不是构成我们醒着的时刻的每一分钟。沙漏并没有数字，但每次流下的一粒沙子却让我们痛苦地明白生命是多么飞速地在流逝。我们应该按照这句享乐主义的生活哲学来生活："活着就要好好地过。"

与以数字为中心的社会不同，在某些文化里，数字没有什么特殊的含义。一篇名叫"生活中没有数字的部落"的文章于2008年7月18日刊载在Metro.co.uk新闻网站上。该文讲述了一个新发现的部落，生活在亚马孙热带雨林的深处。根据美国麻省理工学院的爱德华·吉布森教授的观点，这个名叫"皮拉哈"的部落从未学过使用数字，原因很简单：他们不需要数字。"这个部族可以学习数字，但在他们的文化中数字并不重要，所以他们从未学会数字。"一些语言学家进行的类似的研究也得出过类似的研究结果：像"皮拉哈"这样的部落有"一""二"，甚至"许多"这些词汇，但并没有超过数数这种幼童阶段的低级水平。这个原始部落也不具备绘画的技能，这也许能够进一步说明他们根本不想建立一整套数字体系。

但我们大部分人不是住在原始的部落里，在与自然和谐共处的状态下耕种土地，极少能用到数字。我们多数人的生活中充斥着时间约束、最终期限和各种时间表。在我们的文化中，我们从小就被教育对数字保持一种健康的尊敬态度是非常必要的。数字控制了我们很多外在的生活，数字也蕴含了各种秘密，因此揭示了我们内心的生活。从世俗的世界到神圣的世界，数字都很重要。

尽管很多探险家和科研人员联手对难以捉摸的青春的根源进行了研究，但是我们并没有接近答案。由于身体不断衰老，90岁的我们不可能是10岁时的样子。体重300磅（约136公斤）的我们也不同于165磅（约75公斤）的我们。午夜时的我们与中午时的我们也有所不同。

我们必须记住，没有任何结构需要我们衡量。我们是无限的、永恒的，能够超越一切界限。“我们是谁”这个问题的“本质”永远都不过时，永远都不会失去意义。正如惠特曼所说，我们伟大，我们包罗万象。他若是说：“嗯……我想说我们大约是180英里宽，不对，应该是两倍那么宽。”那么他的话就不会像刚才那句话那样充满力量了。他所说的“包罗万象”常用来指外在的世界，但我们内心也是如此。你如何能够测量或量化我们心灵的大小？生命是否有具体的宽度、高度和深度？正如我们在第九章中说的，连我们的DNA都用数字的语言进行运转，因此一切生命的背后都是数学。

如果上帝和现实背后的神秘力量确实在用数字与我们交流，那只是因为数字像音乐一样是一种可以表达我们内心的语言形式。不管我们来自何方，我们都能从纷繁的世界中看到数字。至于我们的心灵，我们试图看到数字和等式之外的东西，寻找数字所代表的含义。数字到底有多么深邃、神秘和迷人，本书的两位作者一开始毫无头绪。而现在我们认为，数字确实像鬼魂、UFO和夜晚出没的奇异生物一样非比寻常。数字是一个宝藏，宝藏的发现需要通过追踪现实的方方面面来实现。通过加减乘除，数字能够使我们对事物的真相产生更加深刻的认识。

因此，虽然本书即将完成，但仍然有一个问题没有办法解答。一个至关重要的问题。我们前面曾提到一个事实，即我们相信这些数字序列并非巧合，它们的出现都是有原因的。数列是不是随机而混乱的模式呢？作为作者，我们自然愿意呈现一些特别和全面的外在证明。但不幸的是，我们做不到这一点。与你一样，我们承认自己不知道真正的答案。我们给出了各种各样的事实、观点、理论，帮你形成你自己的立场或假说。也许我们不应该寻找外部的解释，而应该转向我们的内心。这也许不是什么“超自然”“超常规”或“非比寻常”的事情，只不过是大脑对人们常常忽视的一个时刻进行的新的关注。

下面是我们对时间提示现象的观点的总结：

1. 外界的“触发器”或“叫醒电话”来自某个更高的智慧，这个智慧希望能够指引我们前进，或提醒我们多多关注我们的生活、未来和命运。

2. 基于利特尔伍德法则和大数法则等法则而发生的巧合。这些法则认为，当你身边有足够多的人时，肯定会发生巧合……而且发生的频率很高。

3. 大脑有需要也有能力对偶然事件建立一些模式，或者将一些巧合事件组成矩阵，使之成为有意义的事情，提醒自己注意更多类似事件的发生。

4. 上述观点的结合。

对于每个事例似乎总有支持和反对的依据，其中最合理的一个观点是强调大脑在不断寻找信息，从获得的信息中创造模式和意义。

但也许存在着某种东西促使大脑这样做。这是否意味着，这些神秘事件是某些更高的力量将我们从僵尸般的生活中唤醒，让我们躲过灭顶之灾？好好想想吧。当今的时代，我们常常过度关注某样东西而忽视了其他事物，还有什么比时间提示更好的方式使“更高的力量”让我们提高警觉呢？在完成这次研究、听到各种各样的故事和处理大量数字之后，两位作者相信，这些时间提示现象的发生就像生活中其他事物一样，是有原因的。这些现象之所以发生，是因为覆盖了整个现实的无形网格状结构将我们联系在一起。我们看不到它，却给它起了很多名字。例如，阿卡西记录、零点场、生命之书、暗物质、虚空世界。

我们的结论是，这些时间提示现象让我们意识到，还有更大的一幅图景需要我们关注。一个更强大的力量正在发挥作用，因为这件事发生在许多人的身上，所以在经历这些神秘数字的时候，我们彼此就联系在了一起，我们每个人都可能让别人醒来，提高注意力。这种集体性现象具有双重目的。它发生在我们许多人身上，也许甚至是所有人的身上。时间提示现象也许在所有人的日常生活中都发生过，但不是每个人都给予了足够的重视。在纷繁的生活中，绝大多数人很可能根本意识不到这件事情，因为他们无心理会，就像许多人对于其他同步事件无心关注一样。

像TIVO[①]一样，我们的大脑能够选择性地“拦截”或抑制生活中的嘈杂，这甚至是一种自动的生理反应。我们每天每次只能吸收这么多的信息，而且我们要先满足自己基本的生存需要。可悲的是，无视

① 美国的数字录影机，自带电视节目表导航器，并可录制节目。

这些“更高层次”潜在信息的存在，也许是搬起石头砸自己的脚。我们只是为了今天而活，还是应该也关注一下未来？我们只是苟活于世，还是希望将来兴旺发达？

发生在我们每个人身上的时间提示现象几乎各不相同，具有个人特点和特殊的意义，这一点至关重要。不管所有这一切背后隐藏了什么，无论是大脑还是神灵在发挥作用，我们只知道一点，我们每个人应该醒过来，给予关注，而且这些现象会一直出现，直到我们真正注意到它的存在。设想一下，有数以千万的灵魂都在向前移动，每个灵魂处在各自不同的跑道上，相互间却连着一根隐形的绳子。

时间提示现象就是这根绳子。

“更高的智慧”已经知道我们生活和工作的时候常会关注哪些地方，因此时间提示常常发生在这些地方——例如，时钟、微波炉、手机和仪表板——这些地方代表了我们今天快节奏的生活现实，这种生活飞速运转，令我们心力交瘁，自我封闭，失望不满。时间提示现象也许是我们最后的机会，我们能够集中注意力，坐直身子，站起身来，走上前去，活跃起来，给予关注……否则我们忙忙碌碌，心烦意乱，无暇他顾，乃至永远无法看到恰恰摆在我们眼前的那个东西。

生命。

许多人正在寻觅的圣杯也许有高度、宽度，甚至是深度。但是没有哪一个数字或等式能够测量出圣杯里装的那个东西。

真相。

这就如同设计华丽的巨大藏宝箱根本无法与箱中装的金子相媲美。只要我们记住我们是圣杯里的内容，我们将继续使数字、符号、同步性和序列为我们的生活服务。不管数字来自何处，数字会带领我们找到真理，就像一些急着了解我们是否在做这件事情的古代智者们留给我们的密码。

Vita non est vivere sed valere vita est.
生活不仅仅只是活着。

附录

数字趣闻和数字异象

在本书结束之前，我们还想给大家带来一点数学方面的小乐趣。因为除了神秘莫测之外，数字也可以令人瞠目结舌，甚至望而生畏，或者令人会心一笑。下面是我们从网络以及其他地方找到的一些数字异象，这些异象告诉我们，我们看到的数字还有很多我们不知道的东西。

0到100——独一无二的数字事实

- 0是相加不变。
- 1是相乘不变。
- 2是唯一的偶质数。
- 3是我们生活的空间的维数。
- 4是足够为所有的平面地图上色的最少颜色数。
- 5是柏拉图立体的个数。
- 6是最小的完美数。
- 7是尺规作图无法作出的正多边形的最小边数。
- 8是斐波纳契数列中最大的立方数。
- 9是任意正整数表示成整数立方和形式至多需要的立方数个数。

- 10是我们惯用的十进制的基数。
- 11是正整数数字连乘归个位所需最多的步数。
- 12是最小的过剩数。
- 13是阿基米德立体的个数。
- 14是满足如下条件的最小的n：没有一个整数与n个小于它的整数互质。
- 15是仅有一个有限群的最小合阶数。
- 16是唯一一个能满足等式xy=yx的整数，其中x和y是不相等的整数。
- 17是墙纸群组的个数。
- 18是唯一一个等于各位数字和的两倍的整数（0除外）。
- 19是任意正整数表示成整数四次方和的形式至多需要的数字的个数。
- 20是六顶点有根树的个数。
- 21是用不同的小正方形拼成大正方形至少需要的个数。
- 22是8的划分的种数。
- 23是整数边小长方体不共棱拼成大长方体至少需要的个数。
- 24是能被平方根以下所有整数整除的最大整数。
- 25是能表示为两数平方和的最小平方数。
- 26是唯一一个恰巧夹在平方数与立方数之间的数。
- 27是等于自己立方的数字和的最大的数。
- 28是第2个完美数。
- 29是第7个卢卡斯数。
- 30是与所有小于它的合数不互质的最大的数。

■ 31是一个梅森质数。

■ 32是除1以外最小的五次方数。

■ 33是不能写成不同三角数和形式的最大整数。

■ 34是与相邻数的约数一样多的最小整数。

■ 35是六连块的个数。

■ 36是除1以外既是平方数又是三角数的最小整数。

■ 37是任意正整数表示成整数五次方和形式至多需要的五次方数个数。

■ 38是按字母顺序排列时排在最后的罗马数字。

■ 39是可以划分为三组乘积相同的三个数的最小整数。

■ 40是唯一一个其英文单词（forty）按照字母表顺序排列的数字。

■ 41是一个有如下特性的n值：当x=0，1，2，…，n−2时，x^2+x+n都是质数。

■ 42是第5个卡特兰数。

■ 43是含翻转七钻图案数。

■ 44是5件东西完全放错位置的情况的个数。

■ 45是个卡布列克数。

■ 46是9×9国际象棋棋盘上的9个不能互相攻击的王后的所有排列方式的个数。

■ 47是不能连加为一个立方数的立方数最大个数。

■ 48是有10个约数的最小数字。

■ 49是与相邻数都是倍平方数的最小整数。

■ 50是可用两种方式表示成两数平方和的最小的数。

- 51是第6个莫茨金数。
- 52是第5个贝尔数。
- 53是唯一一个与十六进制写法（35）相反的两位数。
- 54是可用三种方式表示成三数平方和的最小的数字。
- 55是斐波那契数列中最大的三角数。
- 56是五阶正规化拉丁方的个数。
- 57转换成七进制为111。
- 58是四阶交换半群的个数。
- 59是星形二十面体的个数。
- 60是能被1到6每个数整除的最小整数。
- 61是第6个欧拉数。
- 62是可用两种方式表示成不同三数平方和的最小整数。
- 63是五元素偏序集的个数。
- 64是拥有7个约数的最小数字。
- 65是与反写数相加相减都得到平方数的最小整数。
- 66是八钻图案数。
- 67是五进制和六进制下均为回文数的最小整数。
- 68是最新得出的圆周率π中最后的两位数字符串。
- 69是平方与立方恰由0到9十个数字组成的数字。
- 70是最小的奇异数。
- 71能整除小于它的所有质数的和。
- 72是六维空间中一个六维球周围最多的等球数。
- 73是除1以外比反写数的两倍小1的最小整数。
- 74是顶点数最少的不同非汉密尔顿多面体的个数。

■ 75是允许并列的情况下4个物品的排序种数。

■ 76是一个自守数。

■ 77是不能写成倒数和为1的不同整数的和的最大整数。

■ 78是可用三种方式表示成不同四数平方和的最小整数。

■ 79是一个首尾交换后仍为质数的质数。

■ 80本身和本身加1都是4个以上质数乘积的最小的数。

■ 81是本身数位和的平方。

■ 82是六连六边形的个数。

■ 83是四顶点的强连通有向图的个数。

■ 84是14元素排列的最大阶数。

■ 85是解法12 + 22 + 32 + …+ n2 = 1 + 2 + 3 + … + m中最大的n。

■ 86转换成六进制为222。

■ 87是前4个质数的平方和。

■ 88是唯一已知的平方数无孤立数字的数字。

■ 89等于8的1次方加上9的2次方。

■ 90是直角的度数。

■ 91是三进制中最小的伪素数。

■ 92是8×8国际象棋棋盘上8个不能互相攻击的王后的所有排列方式的个数。

■ 93转换成五进制为333。

■ 94是一个史密斯数。

■ 95是10的平面划分的个数。

■ 96是能以4种方式写成两个数的平方差的最小数字。

- 97是前3个乘方均含数字9的最小数字。
- 98是前5次幂均含9的最小整数。
- 99是一个卡布列克数。
- 100是能写成4个连续整数的立方和的最小平方数。

若想了解101到1000的所有有趣的信息，请登录网站www.stetson.edu/~efriedma/numbers.html。

一些你并不需要知道却很酷的数字事实……

人体皮肤的厚度从眼皮的0.5毫米到手掌、脚底和双肩间皮肤的大于6.0毫米不等。

下面是构成一个154磅（约70公斤）重的男人的基本构成元素：

- 100磅氧
- 27.72磅碳
- 15.4磅氢
- 4.62磅氮
- 2.31磅钙
- 1.54磅磷
- 0.54磅钾
- 0.35磅硫
- 0.23磅氯
- 0.23磅钠
- 0.007磅镁

- 0.0006磅铁
- 0.0045磅锰
- 还有微量的锌、铜、氟、硅和碘。

更多趣闻

- 800次雷暴中只有一次能出现胡桃大小的冰雹，5000次雷暴中只有一次能出现棒球大小的冰雹。
- 一年中，常人的心脏能使770000加仑到1600000加仑的鲜血在全身循环。
- 魔方有超过43的18次幂（43252003274489856000）种不同的可能组合。
- 一次射出的精液中通常含有多达787000000万个精子。
- 平均，Twinkie蛋糕能够在45秒钟内在微波炉里爆炸。
- 若每天每时每刻不停地数数，将需要31688年的时间数到一万亿。
- 一副牌有52张，五张牌共有2598960种牌面组合。
- 标准版大富翁游戏中的金钱总额是15140美元。
- 十美分硬币的边沿处有118条斜纹。
- 美元纸币需对折大约4000次才会撕破。
- 一支普通铅笔可以画出35英里长的线，或写出将近50000个英语单词。
- 尽管一副牌中通常有52张牌，但却有8.066×10^{67}种排列方法。

- 12345678787654321是两个11111111相乘的结果。
- 在一张有90个数字的宾戈卡上，共有大约44000000种方法能够中奖。
- 数字2520可以被1、2、3、4、5、6、7、8、9和10整除。
- 复制一模一样的指纹的概率大约是1/64000000000。
- 打牌时，出现同花大顺的概率是1/649739。
- 人打喷嚏时，喷出的气流速度高达每小时100英里。
- 如果你拥有100亿美元，按每秒钟花1美元计算，需要317年才能将所有钱花掉。
- 6块八螺柱乐高积木可以用102981500种方式进行组合。
- 如果你有15块立方体，用数字1到15标记，然后以任何可能的序列将这些立方体排列起来，每分钟都要改变序列，那将需要2487996年才能完成所有排列。
- 在双骰子赌博中，两个骰子掷出的不同数字组合的概率如下：

点数:	概率:
2 或 12	1/35
3 或 11	1/17
4 或 10	1/11
5 或 9	1/8
6 或 8	1/6.2
7	1/5

- 除了2和3之外，每一个质数加1或减1所得到的结果都能被6

整除。例如，数字17加1可以被6整除。数字19减1也可以被6整除。

- ■ 如果你要度11天假，享受假期的时间将不超过1000000秒。
- ■ 国际象棋开局前四步一共可以有318979564000种走法。
- ■ 有24个已知的“完美”数字。这些数字等于除了本身的所有其他约数的总和。例如，6是这类数字中最小的一个，可以被1、2或3整除，1 + 2 + 3 = 6。人类所知的最大的“完美”数字具有12003个数位。
- ■ 骰子的相对两面的数字相加之和永远都是7。

欲知更多简单易懂的数字趣闻，请登录网站www.mindlesscrap.com/trivia/stats.htm。

神奇的钟形曲线

我们近期发现的颇为实用的一个数字异象是钟形曲线。钟形曲线完全可以与乐透彩联系在一起。人们发现，如果将乐透彩的六个中奖数字相加，那么中奖数字总和有80%的几率是介于100和176之间。

解释这个规律的最简单的方法是找一份最近的乐透中奖结果。将6个中奖数字加在一起（不用理会补充数字），最终你会发现总数很可能是介于100和176之间。如果你有耐心坐下来，算出中奖数字的八百万种奇怪组合，然后将这些组合加在一起，从最小的一组开始（1 + 2 + 3 + 4 + 5 + 6 = 21），再到最大的一组（40 + 41 + 42 + 43 + 44 + 45 = 255），你会惊讶地发现中奖最多的号码总和是上述区间的中间点——138。你选择的乐透号码的总和越接近这个中间数字，中大奖的几率就越高。这个规律适用于世界上任何一个地方的6个数字的乐透彩票。如果在方格纸上将这个曲线的形状绘制出来，最终会出现一个钟一般的曲线，故得名“钟形曲线”。

例如，1、3、8、19、21和32碰巧是你的幸运数字，但当你发现这些数字的总和是84的时候，你也许会感到些许失望，因为84远在钟形曲线的偏爱区间100至176之外。你用这个数字组合中奖的几率很可能要比相加之和是138的8、15、17、19、35和44小四到五倍。因此如果你在买彩票的时候，有自己偏爱的6个数字的组合，那么你可以将这几个数字相加，看一下总和是多少。数字组合的总和越接近138，中奖的几率就越高。

有一种电脑程序，能够自动地将不在这个偏爱的中奖区域的数字组合“淘汰”。我们将这种程序用在乐透系统中。这意味着，所有“不可能”的组合都被剔除，这有助于减少游戏成本的四分之一或更多，却没有减少你的中奖几率。有时，加起来只有70（或者超过200）的数字组合也能中奖，但这只是特例。

黄金分割数不同寻常的关系

- 将黄金分割数平方，能得到比黄金分割数大1的数字：2.61804…：$Ø^2 = Ø + 1$
- 用1除以黄金分割数，能得到比黄金分割数小1的数字：0.61804…：$1 / Ø = Ø - 1$
- 5的平方根加1，再除以2，还是会得到黄金分割数。$(5^{1/2} + 1) / 2$

=Ø。该等式也可以都用5来表示：5 ^ .5 * .5 + .5 = Ø

怪异的巧合

林肯与肯尼迪之间充满了各种关联：

- 亚伯拉罕·林肯于1846年当选美国国会议员进入国会。
- 约翰·F.肯尼迪于1946年当选美国国会议员进入国会。
- 亚伯拉罕·林肯于1860年当选美国总统。
- 约翰·F.肯尼迪于1960年当选美国总统。
- 两人都非常关注民权。
- 两位总统都是在星期五遇害。
- 两位总统都是头部中弹身亡。
- 林肯的秘书名叫肯尼迪。
- 肯尼迪的秘书名叫林肯。
- 两人都是被美国南方人暗杀。
- 两人的继任者都是名叫约翰逊的南方人。
- 林肯的继任者安德鲁·约翰逊，生于1808年。
- 肯尼迪的继任者林顿·约翰逊，生于1908年。
- 暗杀林肯的凶手名叫约翰·维尔克斯·布思，生于1839年。
- 暗杀肯尼迪的凶手名叫李·哈维·奥斯瓦尔德，生于1939年。
- 两名凶手的全名都由15个字母组成。
- 林肯是在一家名叫“福特”的剧院被枪杀的。
- 肯尼迪是在福特公司生产的名叫“林肯”牌轿车里被枪

杀的。

- 凶手在剧院里杀害林肯后躲进一间仓库里。
- 凶手在仓库里杀害肯尼迪后躲进一家戏院里。
- 布思和奥斯瓦尔德两人都在审讯前被杀害。
- 林肯遇刺前一周曾待在马里兰州的梦露市。
- 肯尼迪遇害前一周曾和玛丽莲·梦露在一起。
- 林肯的名字由7个字母组成。
- 肯尼迪的名字由7个字母组成。
- 在林肯和肯尼迪的名字里，元音和辅音都落在同样的地方，按照顺序分别是辅、元、辅、辅、元、辅、辅。
- 林肯就职成为总统后不久，发生了战争。
- 肯尼迪就职成为总统后不久，发生了战争。
- 林肯下令财政部印制自己的货币。
- 肯尼迪下令财政部印制自己的货币。
- 刺杀林肯和肯尼迪的行动也许都是国际银行家策划的。
- 林肯赋予了黑人以自由，使平等合法化。
- 肯尼迪将法律贯彻落实，给黑人以自由。
- 林肯于1863年11月19日发表了《葛底斯堡演说》。
- 肯尼迪于1963年11月22日遇害。
- 遇害时，林肯坐在妻子身旁。
- 遇害时，肯尼迪坐在妻子身旁。
- 林肯遇害时，他身边一个名叫拉思伯恩的人受了伤（被刀刺杀）。
- 肯尼迪遇害时，他身边一个名叫康纳利的人受了伤（枪伤）。

- 拉思伯恩（Rathbone）的名字有8个字母。
- 康纳利（Connally）的名字有8个字母。
- 事发时，林肯的保镖没有贴身保护，而是站在剧院总统包厢的门口。
- 事发时，肯尼迪的保镖没有贴身保护，而是站在总统专车的踏脚板上。
- 林肯中枪之后没有立即死去。
- 肯尼迪中枪之后没有立即死去。
- 林肯和肯尼迪去世时所在地的名字的首字母都是P和H。
- 林肯死在彼得森公寓（Petersen's house）。
- 肯尼迪死在帕克兰医院（Parkland Hospital）。
- 有阴谋论表示，约翰逊对林肯遇刺了如指掌。
- 有阴谋论表示，约翰逊对肯尼迪遇刺了如指掌。
- 遇害几天前，林肯告诉他的妻子和朋友他做的一个梦，梦里他被一个刺客暗杀。
- 遇害几个小时前，肯尼迪告诉他的妻子和朋友，刺客很容易在人群里杀死他。
- 林肯遇害不久，电报系统出现故障。
- 肯尼迪遇害不久，电话系统出现故障。
- 肯尼迪的父亲曾在英国圣詹姆斯法院担任驻英大使。
- 林肯的儿子曾在英国圣詹姆斯法院担任驻英大使。
- 入驻白宫后，林肯的妻子重新对白宫进行了高雅而又奢华的装修。
- 入驻白宫后，肯尼迪的妻子重新对白宫进行了高雅而又奢华的装修。

- 林肯热爱经典文学，能够背诵诗歌。
- 肯尼迪热爱经典文学，能够背诵诗歌。
- 林肯入驻白宫的时候，他的孩子年纪尚轻。
- 肯尼迪入驻白宫的时候，他的孩子年纪尚轻。
- 林肯的儿子拥有几匹矮种马，他们喜欢在白宫的空地上骑马。
- 肯尼迪的女儿有一匹矮种马，她喜欢在白宫的空地上骑马。
- 林肯担任总统的时候，曾遭受丧子之痛（12岁的儿子去世）。
- 肯尼迪担任总统的时候，曾遭受丧子之痛（刚出生不久的儿子去世）。
- 林肯育有两子，名叫罗伯特和爱德华。爱德华英年早逝，而罗伯特则安享晚年。
- 肯尼迪有两个兄弟，名叫罗伯特和爱德华。罗伯特英年早逝，而爱德华则安享晚年。
- 林肯的灵车从首都华盛顿一直驶进纽约。
- 肯尼迪的兄弟的灵车从纽约一直驶进首都华盛顿。
- 在肯尼迪的专车旁一边跑一边用35毫米相机拍照的人是林肯车的推销员。
- 肯尼迪在弗吉尼亚州购置了一处房产，房子是林肯手下第一位总指挥官麦克莱伦在1861年内战时使用的总部。
- 杰斐逊·戴维斯是南部邦联的总统的名字，而林肯当时是北方联盟的总统。
- 杰斐逊·戴维斯·蒂皮特是警官的名字，据说被谋杀肯尼迪的嫌疑犯杀害。

- 林肯遇害时坐在福特剧院的摇椅里。
- 肯尼迪在白宫有一把供他专用的摇椅。
- 亨利·福特购得林肯死时所坐的摇椅，置于他在迪尔伯恩的博物馆里。
- 肯尼迪遇害时所乘坐的林肯车的座椅现存放在福特博物馆中。
- 林肯在福特剧院遇害时所坐的摇椅现存放在福特博物馆中。

每隔20年

- 1840年：威廉·亨利·哈里森（在总统任期内去世）。
- 1860年：亚伯拉罕·林肯（遇刺身亡）。
- 1880年：詹姆斯·A.加菲尔德（遇刺身亡）。
- 1900年：威廉·麦金利（遇刺身亡）。
- 1920年：沃伦·G.哈丁（在任期内去世）。
- 1940年：富兰克林·D.罗斯福（在任期内去世）。
- 1960年：约翰·F.肯尼迪（遇刺身亡）。
- 1980年：罗纳德·里根（有人谋杀他未遂）。
- 2000年：乔治·W.布什（在俄罗斯有人试图用手榴弹暗杀他，但他侥幸逃脱）。

历史不断重演……来自吉姆·斯耐尔的理论

我发现历史上有一个“49年循环”：

■ 1812年：英国首相珀西瓦尔“遇刺身亡”，然后发生了1812年战争。

然后，49年后——

■ 1861年：美国内战爆发，亚伯拉罕·林肯于1865年遇刺身亡。

然后，1865年的49年后——

■ 1914年：奥地利大公弗朗茨·斐迪南遇刺身亡，成为第一次世界大战的导火索。

然后，1914年的49年之后——

■ 1963年，约翰·F.肯尼迪遇刺身亡，当时越南战争才刚刚开始。

然后，1963年的49年之后——

■ 2012年：是否还会有某个“世界领袖”遇刺身亡，成为第三次世界大战的导火索？“49年循环”的魔咒是否会打破？我们是否将目睹“所有战争之母”的开始？让我们拭目以待！

而且，注意每隔49年都会有一个美国总统被刺杀……

计算障碍——一种数字疾病？

计算障碍（dyscalculia，或称“失算症”或“计算不能”）是一种特殊学习障碍（SLD），指在学习或理解数学方面天生的障碍。计算障碍是一种鲜为人知的身体缺陷，与诵读障碍和发展性运动障碍相似，而且彼此间具有潜在的联系。计算障碍能发生在各种智力水平的人身上，遭受这种障碍的人常常也在时间、计量和空间推理方面有困难，但也不总是如此。目前的测试表明，计算障碍也许会影响到百分之五的人口。尽管一些研究者相信计算障碍一定意味着算术运算方面的困难，也意味着数学推理困难，但有证据表明（特别是来自大脑受过损伤的父母），算术能力（例如，计算和数字事实记忆）和数学能力（用数字进行抽象推理）可以毫无关联。也就是说，一些研究者认为，个体可能会有算术方面的困难（即计算障碍），却不会损伤抽象数学推理能力，甚至可能在这方面表现出天赋。

dyscalculia这个词源自希腊文和拉丁文，意指“计算能力差”。前缀dys-源自希腊文，意指“差，糟糕”；calculia源自拉丁文calculare，意指“计算”。calculare来自calculus，意思是“鹅卵石”或算盘上的筹码。在算术方面的困难常常会导致加减乘除等数学符号的混淆。

其他表征包括：

- 不能区别两个数字孰大孰小。

- 在计算零钱和辨别模拟时钟的时间这类日常工作上有困难。
- 不能理解金融规划或预算，有时甚至不能理解最基本的计算。例如，估算购物篮里物品的成本或结算支票簿上的余额。
- 不会使用乘法表、不会心算等。
- 依赖于逻辑而不是公式，直到理解需要计算的更难的题目。
- 在对时间概念化和判断时间的流逝方面有困难。
- 区分左右有困难。
- 方向感差（即辨不清东南西北），基本上也看不懂指南针。
- 在导航或“想象”地图来面对现在的方向时有困难，而只能用常见的“上北下南”的方法。
- 心里估算某个物体或距离的度量有困难（例如，某个东西距离你于10或20英尺［3或6米］之外）。
- 无法掌握和记住数学概念、规则、公式和序列。
- 无法阅读数列，或换位变形，例如将56转为65。
- 在比赛时，计分有困难。
- 参加某些游戏有困难，例如带有比较灵活的得分规则的扑克牌。
- 对于需要按照顺序处理的活动有困难，从具体活动（例如舞蹈步调）到抽象活动（按照正确的顺序阅读、写作和用符号表示物体）。甚至在使用计算器方面也有困难，因为不会输入变量。
- 在一些极端的情况下，这种障碍也许会导致对数学和数学方法的恐惧。

数学中最无用的事实

- 若将1089乘以9，结果是9801。整个数字颠倒了过来！这同样也适用于10989、109989、1099989等数字。
- 1是唯一一个与1000000相加之和大于与1000000相乘的结果的正整数。
- $19=1\times9+1+9$，$29=2\times9+2+9$。这也同样适用于39、49、59、69、79、89和99。
- 153、370、371和407都是它们包含的数字的立方之和。即$153=1^3+5^3+3^3$。
- 将任何平方数除以8，结果将是0、1或4。
- 2是唯一一个与本身相加与相乘所得结果一样的数字。
- 如果将21978乘以4，得到的结果恰好是这个数字反写的形式。
- 总共有12988816种方法将32张多米诺牌盖满国际象棋棋盘。
- $69^2=4761$，$69^3=328509$。这两个答案放在一起来看，包含了从0到9的所有10个数字。
- 将一大块奶酪直接切8刀，你能得到最多93块小奶酪。
- 在英语中，40（forty）是唯一一个字母按照字母表顺序排列的数字。
- $1\div37=0.027027027\cdots$，$1\div27=0.037037037\cdots$

- $13^2=169$，如果你将数字反过来写，那将是$31^2=961$。这同样也适用于12，因为$12^2=144$，$21^2=441$。
- 1/1089 = 0.0009182736455463728 1…（在乘法表中，数字9与其他数字相乘的结果是9、18、27、36…）
- 8是唯一一个立方数比平方数小1的数字。
- 将1011235955056179775280898876404494382022471 9乘以9，得到的结果只需将个位上的9移到第一位即可。这是唯一一个可以做到这一点的数字（谢天谢地）。
- 4（four）是英语中唯一一个所含字母的数量与数字本身相同的数字。
- $1\times 9+2=11$，$12\times 9+3=111$，$123\times 9+4=1111$，以此类推。

297和11

- 例如，$54.54+45.45=99.99$，$99+99=198$。
- $19+98+89+91=297$。如果你将这种方法用在11到999之间的任何一个数字，用同样的等式去算，得到的结果都是297。
- 如果你用297这样换算，得到的结果还是297。
- 有些数字的换算等式要比其他数字长。有些数字要写4行才能得到297。
- 有些数字要用6行才能得到297。我还是觉得这与11有些关系。

概率有多大?

社会学家已经发现，人们基本上会将与身边的150个人的关系看作“关系亲密”。因此，我们每一个人基本上都会有约23000个“朋友的朋友”。如果说每个亲密朋友都有5个普通朋友的话，那么这个数字将迅速增加到600000。

真巧在这里遇到你！因此，在火车上遇到一个与你都认识某个普通朋友的人的几率惊人的高：按照英国的人口计算，这件事的概率是1%。若再算上具有某种背景的人乘火车抵达某个目的地的社会经济因素，这件事的概率就变得更高。再拿另一个“巧合”来举例说明：发现你与某人是同一天生日。你觉得在多大规模的聚会上，至少有两人与你同一天生日的概率会超过二分之一？由于最多只能有365个不同的生日，你也许会猜答案应该为365的一半——将近180个人。而事实上，只需23个人即可。

这是因为你没有要求在某个具体的生日（例如4月12日）上相符。你所要求的只是任何两个生日和任何两个人之间能够相符。这就减少了产生“巧合”的人的数量。要找到至少两个人出生在4月12日，至少要250个人才能使几率大于二分之一。你想要的东西越不具体，发生巧合的几率就越大。在一些巧合事件的背后还有另一种力量。巧合时间常常会令人惊讶，因为我们将两种不同的可能性混在一起：（一）某个有趣的事物发生的几率；（二）某件有趣的事情获得许多发生的机会之后发生的几率。

例如，一次扔两个骰子得到能中奖的“双6”的概率是1/36。但是连扔25次，至少有一次扔出“双6”，这种可能性是二分之一。尝试的次数越多，获胜的几率就越大，但是我们很容易忘记现实生活中巧合事件的“尝试”次数。心理学家研究表明，人们判断巧合的可能性时，使用的是简单的——显然又是非常明智的——规则。大致说来，如果一个巧合是另一个巧合两倍的“奇异”，那么人们会认为这件事是两倍的不可能发生。但概率论认为，巧合的可能性以一种更复杂、非线性的方式变化。“我们不擅长对巧合进行评判，这不足为奇。”心理学家苏珊·布莱克莫尔博士说，“我们通过不断练习获得某种技能，但是我们不会整天都用心寻找巧合。若真这样做，我们会立刻发现我们生活在巧合的海洋中，在发生巧合事件的时候，我们不会再感到任何惊讶。”尽管科学家对日常生活中的巧合不屑一顾，但若在科学中出现巧合，他们则会十分重视。

人类的巧合事件

托马斯·杰斐逊和约翰·亚当斯这两个美国的缔造者的生活十分相似。杰斐逊起草了《独立宣言》，将草案拿给亚当斯看，而亚当斯（和本杰明·富兰克林）帮助进行编辑和润饰。大陆会议[①]于1776年7月4日批准通过了这份文件。令人吃惊的是，杰斐逊和亚当斯都于同一天去世——1826年7月4日，即《独立宣扬》签署整整50年之后。

马克·吐温出生于1835年哈雷彗星出现的那天，于1910年哈雷彗星第二次出现的那天去世。他自己于1909年预测了此事，他是这样说的：“我和哈雷彗星于1835年来到这个世上。哈雷彗星明年又要来

① 大陆会议（Continental Congress)是1774年至1789年英属北美13个殖民地以及后来美利坚合众国的立法机构，共举办了两届。

了，我希望能与它一同离开。”

俄勒冈州的《哥伦比亚》报纸提前在2000年6月28日宣布“选4彩票”的中奖号码。该报纸本打算印出上一轮获奖号码，却错误地印了弗吉尼亚州的中奖号码，即6855。在俄勒冈州的下一轮彩票抽奖中，中奖号码就是这几个数字。

一定要在家里试一下

这真的很奇怪。亲自体验一下吧！

找一个计算器：

1. 将你的电话号码的头3个数字输入你的计算器（是总机号码，而不是区号）。
2. 乘以80。
3. 加上1。
4. 再乘以250。
5. 加上你的电话号码的后4位数字。
6. 再加一遍你的电话号码的后4位数字。
7. 减去250。
8. 最后再除以2。

最终的结果是不是你的电话号码?

参考书目

Barrow, John D.and Frank J. Tipler. *The Anthropic Cosmological Principle.* NewYork: Oxford University Press, 1986.

Bolton, Alain de. *The Architecture of Happiness.* New York Vintage International, 2008.

Boyle, David and Anita Roddick. *Numbers.* White River Junction, Vt.: Chelsea Green Publishing, 2004.

Cheiro, Count Louis Hamon. *Cheiro's Book of Numbers.* London: Barrie & Jenkins, 1978.

Davies, Paul. *The Goldilocks Enigma: Why Is the Universe Just Right For Life?* New York. Mariner Books, 2008.

Dawkins, Richard. *The God Delusion.* New York: Houghton Mifflin, 2006.

Haughton, Brian. *Haunted Spaces, Sacred Places.* Franklin Lakes, N.J.: New Page Books, 2008.

Hayes, Michael. *The Hermetic Code in DNA: The Sacred Principles in the Ordering of the Universe.* Rochester, Vt.: Inner Traditions, 2008.

——. *The Infinite Harmony.* London: Weidenfeld&Nicholson, 1994.

Heath, Richard. *Sacred Number and the Origins of Civilization.* Rochester, Vt. : Inner Traditions, 2007.

Hieronimus, Robert. *The United Symbolism of America: Deciphering Hidden Meanings in America's Most Familiar Art, Architecture and Logos.* Franklin Lakes, N. J.: New Page Books, 2008.

Ifrah, Georges. *The Universal History of Numbers: From Prehistory to the Invention of the Computer.* New York: John Wiley and Sons, 2000.

Joseph, Frank and Laura Beaudoin. *Opening the Ark of the Covenant: The Secret Power of the Ancients, The Knights Templar Connection, and the Search for the Holy Grail.* Franklin Lakes, N.J.: New Page Books, 2007.

Jung, Carl J. *Synchronicity: An Acausal Connecting Principle.* New York: Bollingen Foundation, 1960.

Kenyon, J. Douglas, et al. *Forbidden Religion: Suppressed Heresies of the West.* Rochester, Vt.: Bear & Co., 2006.

Kenyon, J. Douglas, et al. *Forbidden Science: From Ancient Technologies to Free Energy.* Rochester, Vt.: Bear & Co., 2006.

Kenyon, J. Douglas, et al. *Forbidden History: Prehistoric Technologies, Extraterrestrial Intervention and the Suppressed Origins of Civilization.* Rochester, Vt.: Bear & Co., 2005.

Kosminsky, Isidore. *Numbers: Their Meaning and Magic.* New York: Puttnam and Sons, 1927.

Lloyd, Seth. *Programming the Universe: A Quantum Computer Scientist Takes on the Cosmos.* New York: Vintage, 2006.

Malkowski, Edward F. *The Spiritual Technology of Ancient Egypt: Sacred Science and the Mystery of Consciouness.* Rochester, Vt.: Inner Traditions, 2007.

McTaggart, Lynne. *The Field: The Quest for the Secret Force in the Universe.* New York: HarperCollins, 2002.

Michell, John. *The Dimensions of Paradise: Sacred Geometry, Ancient Science and the Heavenly Order on Earth.* Rochester, Vt.: Inner Traditions, 2008.

Naudon, Paul. *The Secret History of Freemasonry—Its Origins and Connection to the Knights Templar.* Rochester, Vt.: Inner Traditions, 1991.

Peat, F. David. *Synchronicity: The Bridge Between Mind and Matter.* New York: Bantam New Age Books, 1987.

Rees, Martin. *Just Six Numbers: The Deep Forces That Shape the Universe.* New York. Basic Books, 2000.

Roberts, Courtney. *The Star of the Magi: The Mystery That Heralded the Coming of Christ.* Franklin Lakes, N.J.: New Page Books, 2007.

Schwaller de Lubicz, R. A. *Sacred Science.* Rochester, Vt.: Inner Traditions, 1988.

Talbot, Michael. *The Holographic Universe.* England: Grafton Books, 1991.

Voss, Sarah. *What Number is God? Metaphors, Metaphysics, Metamathematics and the Nature of Things.* New York: State University of New York Press, 1995.

Westcott, W.W. *Numbers: Their Occult Power and Mystic Virtue.* England: Theosophical Publishing House, reprint 1974.